鹿鸣心理

情绪自控

人生从此不同

［美］罗纳德·J.弗雷德里克（Ronald J.Frederick） 著

曾早垒 主译

刘祎航 杨文 章坚 参译

重庆大学出版社

推荐语

如果我们一直逃避,又能逃到哪里去呢? 这本书要求我们重新审视我们所谓的健康和幸福模式,并认识到如果我们不能自由地思考、感受和行动,那么我们就不能完完整整地做自己。通过故事,罗纳德·J.弗雷德里克用一种简单、清晰、聚焦的方式引导我们解决这个问题,并从根本上改变人们的生活。

——史蒂文·C.海斯

美国内达华大学心理系基金会教授,《跳出头脑,融入生活》①作者

他写得很认真——很明显,他的确是这样做的——罗纳德·J.弗雷德里克写的这本书是赠送给我们的一份礼物,他不仅是一位临床心理咨

---

① 海斯,史密斯.跳出头脑,融入生活[M].曾早垒,译.重庆:重庆大学出版社,2019.

询大师，更是一位了不起的人。从标题到最后一个字，无不体现出他的心灵和灵魂、他的幽默和智慧、他的悲怆和经历。朴实无华，眼神闪烁，罗纳德·J.弗雷德里克正是你一直在寻找的人生向导。正如他在书中热情洋溢地写道：你可以摆脱不甘于现状又不思进取的状态，重新找回活力与快乐。而当你重新与自己和你所爱的人建立联系时——你将不再孤单。一步一步地，你能感觉到他与你同在，稳重而睿智。多么有用的一本书啊！我要把它推荐给我的来访者和朋友。更重要的是，我已经等不及想再读一遍了。

——戴安娜·福沙，博士

AEDP研究所所长，《情感的转化力》作者

弗雷德里克博士的这本充满睿智和精神力量的书不仅能激励人，而且是一本实用指南，帮助我们更深入地自我反思，更自信地面对恐惧，更充实地生活。

——拉里娜·凯斯博士

《有信心的领导人》，《纽约时报》畅销书《自信的演讲者》作者

弗雷德里克博士的第一本书便展示出了他的天赋，他以一种易于理解的、人性化的、有意义的方式揭开了生命中最重要的奥秘之一——情绪的真正价值和目的。他向我们展示了如何在通往幸福、满足和有意义的人生道路上驾驭情绪。希望这本书只是这位天才作家写作之路的一个开端，今后还会有更多优秀作品与大家见面。

——约瑟夫·贝利

执业心理学家，《无畏人生》《放慢生命的速度》作者

阅读一本融合了大脑、身体、心智和依恋等诸多前沿研究的情感书籍是一件令人愉悦的事。罗纳德·J.弗雷德里克成功地把复

杂晦涩的概念转化成通俗易懂的语言。这本书适合那些寻求与自己的情感,以及与他们所关心的人的情感重新建立联系的人。我强烈推荐这本书。

——马里恩·索罗门博士

临床培训终身学习研究所所长,《靠着我》作者

目录

导 论

人世间最美的事物不可见、不可触，只可用心体会。

——海伦·凯勒

考虑到你已经拿起这本书，并且现在正在阅读它，或许可以这么说，在某种程度上，你对生活并不满意。然而，当你审视现实时，你会发现生活并没有明显缺少什么，因为你的每一天都是忙碌而充实的，你有朋友、同事、家人，甚至伴侣或配偶。但就是觉得哪里有些不对劲儿，总感觉缺少了些什么。

我们许多人都有这样的感觉。我们渴望在生活中更有活力、更有存在感、更接近自己，与我们所爱的人更亲密。然而，无论我们做什么，我们似乎都无法达到这个目标。我们想知道为什么自己总是不快乐、为什么我们没有令自己满意的人际关系和生活。我们也想知道，难道这就是最好的人生了吗？

有人认为这应该归咎于我们忙碌的生活。今天，我们的工作压力大、工作时间长，还要忍受令人筋疲力尽的通勤。我们面临着更大的时间压力、家庭责任和家庭需求。迫于压力，我们无法放慢脚步去细细品味生活。我们没有时间与朋友、家人聚在一起，也没有时间真正投入感情。我们的精力已经枯竭，因此无法把生活过得更加有意义。

这些看起来可能都是理由，但我相信有比忙碌更重要的原因。

从我在心理治疗和辅导经历中以及在工作和生活中所遇到的许多人的经验来看，我开始认为，让我们感到隔阂的很大一部分原因与恐惧有关。

丰富的情感使我们感受到勃勃生机、充满活力，也让我们能够面对和处理生活中的各种挑战，并指明最佳方向，从而获得我们真正想要的东西。情感是联结我们与他人之间的桥梁，它能够帮助我们改善并活跃人际关系，拉近彼此之间的距离。而我们对情感的恐惧和不适，以及无法与别人分享，使我们不仅疏远了自己内心的智慧和力量，也疏远了别人，这就是情感恐惧症。

这种恐惧其实很常见。其实，我们大多数人都害怕自己的情感。

我们害怕充分感受自己的情感,害怕在情感上与他人建立联系。我们害怕脆弱,害怕引起别人的注意,害怕自己看起来像个傻瓜。我们害怕被压垮,害怕失控,害怕被人看到真实的自己。

那我们该怎么做呢? 我们回避自己的情绪情感,尽可能地避开它们,把它们藏起来。我们分散自己的注意力,把这些情绪情感堆到一边并塞回内心,希望它们就此消失。

但情绪情感并没有消失。它们一直试图引起我们的注意,让我们去倾听、去回应,这是它们的本性。当它们重新出现的时候,我们会感觉到有些不舒服、不对劲儿或者很奇怪,表现为担心、烦躁、不安、焦虑或抑郁。

那我们会听它们的声音吗? 不,我们会更加努力地躲避它们。我们把自己投入工作中,或者疯狂地购物、喝酒、吃饭、做爱、运动,我们在手机上聊天、发短信、上网、玩游戏,在电视机前发呆。当我们接近自己的真实感受时,我们会做任何能让我们保持忙碌、分心或麻痹神经的事情。

我们的生活并没有像自己心之所想的那般随心所欲,而是自动向前行驶着,只有自己的一部分,隐隐约约地知道内心在发生着什么。我们对自己所得到的东西一无所知,也不知道自己为什么不快乐,为什么没有满意的生活和人际关系? 为什么我们感到如此孤独?

在我们有勇气去面对和分享我们的感觉之前,这幅图景中的一切都不会改变。

无论是好是坏

当我们压抑自己的情绪情感时，它们并不会消失，而是在体内滋生、溃烂，耗尽我们的精力，并最终以如下方式重现出来：

• 焦虑	• 忧虑
• 恐惧	• 不安
• 多动	• 抑郁
• 烦躁	• 缺乏动力
• 拖延	• 慢性疲劳
• 失眠	• 高血压
• 肠胃问题	• 头痛
• 磨牙	• 暴躁
• 人际关系问题	• 性困难
• 自卑	• 空虚

为何要选择这本书

为什么我如此了解这种窘况？因为我也曾有过这样的经历！

在很长一段时间里，我完全无法触碰内心深处的真实感受。我变得非常害怕自己的情绪情感，害怕倾听和信任我的真实感受，以至于无法听到埋藏在内心最深处的声音，这个声音知道我真正想要什么，知道什么感觉对我来说是正确的、什么是错误的。

我并非在这里装事后诸葛亮，只是当时，我的确完全不知道发生了什么。我没有意识到自己的外表之下有多么焦虑，没有意识到恐惧对我生活的每一部分有多大影响。我不停地奔波于家、公司、学校和健身房之间，这助长了内心深处对情绪的恐惧。正是这种恐惧让我远离了自己的真实感受，阻碍了我与他人更深入地交流。

我知道自己是多么孤独。尽管生活很忙碌，有伴侣，有朋友，有家人，有我认为很亲近的人，但还是有些不对劲儿。我花时间和他们在一起，但之后就会感到空虚，我渴望与他人建立联系，但不知道是什么阻碍着我，是我做错还是说错什么了吗？是他们不喜欢我还是觉得我很无趣？我说不清楚，也不知道为什么最后会感到如此孤独。

因此，就像行走在仓鼠之轮上，一直怀疑所处的这段关系是否真的不对，并逃避我几乎不知道的感觉——一种根深蒂固的、对遵从自己内心真实想法和以更真实的方式生活的恐惧。我尽一切可能不让自己停下来，不愿倾听内心的自我，不让真实的自己存在。因为如果静下心来，我将不得不面对我的恐惧，还要冒着生命危险去面对真实的感情，这实在太可怕了。

如果我没有得到帮助，认识到自己真正害怕什么——真实感受，并学会克服恐惧，拥抱自己的情感，真正与他人沟通，我可能会永远这样下去。我不敢想象，如果我没有警醒，没有慢慢放松情绪、敞开心扉，我现在又会是什么样。

在工作中，有很多人像你我一样，多年来，一直尝试改变，试图以不同的方式做事。他们中的一些人甚至曾经接受过治疗。但无论他们如何努力都无法取得任何持续的成功。无一例外，他们还是一次又一次地重蹈覆辙，在情感上自我隔绝，与他人保持距离，最终一无所获。

造成这种重复的原因很简单：在处理好自己的情绪情感之前，我们的感受或行为方式不会有真正的改变。如果真的想要事物发生改变，想要感觉到自己还活着，并与生活中的人联系在一起，就必须学会与自己的情绪情感产生联系并管理好自己的情绪情感——失去时的悲伤，委屈时的愤怒,胜利时的喜悦,情深意切时的爱……

我知道有很多好心人会告诉你其他方法。市面上有许多书籍教你如何"摆脱"情绪情感,用你的理性控制它们,或者通过肯定它们来转变它们。不幸的是,这些方法是远远不够的,只能带来一时的缓解。

多年来,认知科学,或心灵科学,主导着我们对人类心灵的理解。无论走到哪里,我们从自助书籍、访谈节目、建议专栏,甚至一些治疗师那里得到的信息都是一样的,那就是"积极思考"。

现实一点吧,如果真的这么简单,那我们早就好了,而我现在早就在科德角的某个地方开旅馆了!

幸运的是,在过去几年里,关于情绪情感的研究几乎是爆炸式地增长,这些研究正在彻底改变我们对大脑如何工作、发展和变化的认知。现在我们知道,在带来幸福和持久改变方面,情绪情感可以发挥比理性认知更强大的作用。原因很简单,情绪情感比理性认知出现得更快,并且表现得更强烈。有时,无论我们如何努力压制或控制它们,它们总会占据上风。(我会在下一章中做出更详细的解释。)此外,在神经可塑性领域的最新发现,一项关于大脑如何能够改变其结构和功能的研究,揭示了情绪情感体验实际上能够重塑我们的大脑!

学习如何与情绪情感合作而非与之对抗,是一件很有意义的事。

正如丹尼尔・戈尔曼在其畅销书《社交商》中所说,从一个非常基本的角度来说,我们"被赋予了联结的能力"。从出生的那一刻起,我们就有一种与生俱来的倾向,那就是与他人建立情感联系。这是有充分理由的。亲密情感带来的安全感,是幸福的根本,它提供了著名精神病学家约翰・鲍尔比所描述的"安全基础",我们可以在这个坚实的基础上成长并探索这个世界。人际关系不仅让我们感觉良好,还能增强应对生活压力和艰辛的能力。它们还提供了无数的健康益处,例如增强免疫力、心血管和大脑功能。事实上,拥有亲密、互助关系的人在现实中更长寿!

但需要注意的是,人际关系最重要的不是量而是质,也就是情感上的亲密程度。简而言之,关系越亲密,我们就越受益。要实现真正的亲密关系,就必须拥有健康、开放和安全的情感,了解情绪情感及其对我们的影响,想要以健康的方式去感受和与他人建立联结,就必须更加自如地对待自己的情绪情感并学会分享它们。如果不这样做,就注定会感到隔阂和孤独。

也许你觉得自己并不像想象的那样能够自如地掌控情绪情感,并且害怕对他人敞开心扉。对此,我深表理解。许多事在尝试之前都是可怕的,可一旦你发现它们并没有真正的威胁,你就会爱上它们并从中受益。感情亦是如此,你越是努力去尝试,去与它们联系,这个过程就越容易,你就越能熟练地掌控它们。

所以,你是想让恐惧彻底击溃你,在你的生活中肆无忌惮,自己却无可奈何,与所爱之人渐行渐远,还是更愿意活在当下,活得更专注、更充实?

幸福的生活值得你下一番功夫,冒一些险去努力争取。万事开头难。撸起袖子加油干吧,我可以帮你。

虽然改变的过程是痛苦和困难的,但学会与人相处并分享感情,将会以一种不可思议的方式改变生活。作为一个过来人,我对此深有体会,并且这一幕每天都在我的来访者身上上演着。

以下是我见过的一些人敞开心扉后的样子:

- 他们的焦虑感整体降低了,这给他们的生活带来极大的缓冲。
- 他们不再感到困顿,相反,一股正能量在他们身上涌动。这股能量不仅使他们焕发活力,充满力量,还促使他们更加敞开心扉,冲破旧的枷锁,做回自己。

- 他们不再怀疑自己，能够触摸并表达出自己的真情实感。通过大声说出自己的感受，加深和改善了人际关系，从此不再感到孤独和寂寞。
- 他们过上了更充实、更满意的生活，并且深刻体会到生活的意义、目标和归属感。

最终，他们认清自己真正的潜力，让自己充满活力，与自己、他人和世界紧密相连。

还有比这更好的回报吗？

能够帮助别人发现和接纳真正的自己——一个天生充满情绪情感的人，我感到非常欣慰并且乐在其中。当另一个人开始突破束缚他的枷锁，并与更深层、更完整的自我产生联结时，总是令我深受感动。

我帮助的人越多，越是见证了当我们学会与人相处并分享感情时所发生的巨大变化，我就越觉得有必要把这个消息传播给别人。我猜你会说，帮助人们克服恐惧，唤醒他们内心丰富的情绪情感，并在生活中与他人更亲密，已经成了我的使命。

关于本书

本书旨在帮助你克服恐惧，并利用情绪情感的智慧和力量来过上你真正想要的生活。我将与你分享多年所学，以及每天教给来访者的东西：一套行之有效的四步法来克服恐惧，促进自己和他人紧密联系。

本书分为两部分。第一部分，"预先准备"，为后面的行动步骤奠定基础。首先，我们要非常具体地了解自己当前的状况，即了解让自己感到恐惧的情绪，或者所谓的情感恐惧症。我将概述这种恐惧最常见的特征迹象，以便你能够在自己身上识别它。接着，书中会探讨为什么人会害怕自己的情绪情感,害怕与他人更深入地交往。最后,我们还会探讨个体成长的情感环境,以及可能支配你现在生活的潜规则。

在第二部分"采取行动"中,就是我克服情感恐惧症的四步法。

第一步,注意自己的情绪

想要做出改变,首先要培养"情绪正念"——你对自己当下情绪的意识(第三章),以及为避免这些情绪所采取的行动(第四章)。你需要将注意力转向内在,并协调你的情绪体验。你还需要认识到,是什么阻碍了你与自己和他人更深入地交往。我们都有共同的行为模式或"防御机制",并且会有意无意地用这些行为来逃避情绪。例如,当悲伤的情绪在内心升起时,我们会做一些事情来试图压制它,比如转移话题、看向别处或者轻描淡写。虽然有些时候,这样的反应是合理的,比如当在工作或社交场合时,我们可能会等到回家后才发泄自己的情绪,但当我们不知道自己在做什么时,这种方法就会出现问题。大多数情况下,我们的防御机制已变得根深蒂固,以至于它们在不知不觉中启动,让我们无法换个方式做事。毕竟,当我们连自己在做什么都不知道时,是无法做出改变的!

第二步,将情绪平常化

一旦你开始认识自己的防御机制,你可能就会越来越意识到它们所掩盖的潜在不适。身体紧张、胸部紧绷,或者坐立不安,这些和其他体感体验(换句话说,任何在你身体上感觉到的东西)都是恐惧的生理表现,当我们感到威胁时,战斗或逃跑的反应就会被激活。这些迹象也有助于你辨析自己的情绪。

整个改变过程的核心就是找到一种更有效的方法来处理情感恐惧症,一种由你来主导一切而非被恐惧牵着鼻子走的方法。我将教你一些具体的策略,帮助你把不适感降低到一个更加可控的水平,这样你就不再需要压抑、驱散或试图无视自己的情绪。通过练习,你会感到不再那么焦虑，更能够活在当下，为情绪腾出空间。

第三步，用心感受情绪

一旦，你开始注意到自己的情绪并克服恐惧，下一步就是体验自己的内心。当你充分感受它们时，就会感觉有一股能量在流动。开始时很小，以波峰的形式上升、破裂，然后消散，就像大海中的波浪。例如，你可能会首先注意到愤怒的存在，因为它是一种令人不安的挫折感。如果你调整这种感觉，给它一些空间，它就会开始膨胀，身体发热，手臂刺痛，产生一种冲动反应。如果你能与这种内在体验和谐相处，不试图阻挡它或推开它，找到一种方式来驾驭它并包容它，愤怒的感觉就会达到顶峰，然后很快就会消退。

在完全克服了内心的恐惧与愤怒后，你会感到醍醐灌顶，豁然开朗，并从中受益良多。然后，你可以自由选择是否采取行动。如果你选择采取行动，我会教你如何以健康的方式体验情绪，以及如何有效地管理它们，使它们不会压倒你。你将发展出驾驭这片新水域所需的技能，并熟练地驾驶你的情绪之船。

第四步，接纳情绪

这一步，我们要选择是接纳自己的情绪情感并向他人表达内心的需要，还是将其埋在心里。有时，能够感受到自己的情绪情感就足够了。了解自己，知道自己想做什么，这才是最重要的。但更多的时候，情绪情感不仅仅是用来感受的，也是用来分享的。事实上，通过直面情绪情感，它们也会促使你敞开心扉并将其表达出来。然而，很多人不清楚该如何表达自己的情绪情感、如何才能最大限度地被倾听，并产生最佳效果。我会教你以健康的方式表达和分享情绪情感，辨别什么是明智的表达，什么是不明智的表达，以及如何利用情绪情感与他人更亲密、更深入地交流。正如所有这些步骤一样，你练习得越多，就能越容易表达情绪情感。

✳

　　这本书里写满了自我改变的故事。故事中有困顿、孤独和绝望,更有直面恐惧的勇气和敞开心扉后前所未有的改变。

　　学会正确的方法并勤加练习,你的生活和人际关系也会变得更好。

　　改变的力量就藏在你的内心深处,等着被你发掘,我想帮助你利用智慧和情绪的力量改变自己。

第一部分

预先准备

第一章

去感受，还是忽视

人生的充实和贫乏与勇气之大小成正比。

——阿奈丝·宁

丽莎提前几分钟就放下手头的工作，溜走了，就为了能及时赶到机场接男朋友格雷格。她顺便去商店又买了几样东西，好准备一顿接风大餐，迎接格雷格出差归来。"太棒了，"几分钟后，格雷格坐进前座时对她说。"我应该有足够多的时间和你一起吃饭，吃完饭再和朋友们喝点酒。"丽莎低下头想，"这么久没见，他竟然打算回来的头天晚上就去见他的朋友？天哪！"她心生不悦，却若无其事地笑了笑。"那么，这次出差怎么样？"她问。

亚历克斯按下汽车音响上的检索键，想听点什么，发现一个电台正在播放圣诞颂歌。"我喜欢这首歌！亲爱的，就听这首吧。"他的妻子说，不一会儿，《平安夜》的熟悉旋律就充满了整辆车。这时，亚历克斯觉得自己心头一紧。他的父母在他现在行驶的这条路上发生车祸，不幸身亡，已经快一年了。他的脑海里记忆翻涌，浮现出他和父母一起度过的快乐时光，泪水夺眶而出。为了不让妻子看到，他把头扭向了一边。他心想，"稳住！我要控制自己的情绪，我要坚强起来。"他握住方向盘，努力让自己的情绪稳定下来。

凯特和她的朋友们这几个月来一直在计划如何度假，加了那么久的班终于可以休息一下了。一行人早早地起了床，踏上了她们期待已久的远足之旅。当朋友们到达第一个景点时，她们停了一会儿，欣赏着山上的景色。初升的太阳在干旱的沙漠上投下柔和的橙色光芒，空气中弥漫着清新的味道。"多么完美的一天啊！"凯特深吸一口气，心想。忽然，一股不知道从何而来的焦虑感席卷全身。她转过身去，坐立不安，无法静下心来，她慢慢地向山上走去，把一脸茫然的朋友们抛在了身后。

✳

虽然这三个人的情况看似不同，但其实非常相似。他们都害怕自己的情绪。

丽莎害怕自己的愤怒，她把对男友的愤怒憋在心里。她想把它忽略掉，但是，尽管她很努力，这种愤怒感却在吞噬着她。最后，她只能感到怨恨，怒火却丝毫没有减弱。

亚历克斯害怕他的悲伤，害怕他的脆弱，害怕他对父母死亡之悲痛会表现出来。他害怕这一切会发生，他会失控，他的情绪会变得混乱，他的妻子会因此认为他不堪一击。

而凯特则害怕自己的幸福，害怕这些让自己放松享受的事情，甚至当下与朋友相处的时刻，都让她紧张。多么可悲啊，期待了这么久的假期，却不能好好享受。

说真的，他们三个人都很悲惨。

如果丽莎能够坦然面对自己的怒气，能够让自己静下来并感受这种愤怒的情绪所带来的力量，也许她会有勇气跟男朋友说出她的感受。

如果亚历克斯不害怕他的悲伤，也许他会感到释然，他可以更坦然地为父母难过。也许他可以和妻子分享他的感受，拉近彼此的距离，而不是独自一人承受痛苦。他甚至可能会发现，跟他人诉说自己的痛苦会让自己好受很多，虽然这听起来有点怪异。

如果凯特觉得和朋友们在一起很舒服，也许她会感到……但是等一下……难道通常情况下不应该感觉到舒服吗？是的，应该是的，但对我们很多人来说，并不容易。很多人会对自己的感觉产生一定程度的不适感，哪怕是愉快的感觉。我们开始感受自己的情绪，但是焦虑的浪潮将它们死死地拦住。然后，我们变得坐立不安，根本感觉不到我们的情绪，于是开始不断地洗衣、叠衣或清理房子，做着这些家务琐事。然后又开始做别的事情，工作、看电视或者吃东西，以分散自己的注意力；然后又陷入了沉默当中。事实上，为了更好地控制自己，我们可以做任何事情。

简单地说，我们患有情感恐惧症。我们害怕自己的感情。

恐惧症

从心理学的角度来说，恐惧症是对某一特定对象或某一类对象（蜘蛛、高度、与人靠近等）的一种夸张的、莫名的恐惧。但正如哈佛医学院心理学家利·麦卡洛博士所言，我们也可能害怕自己的感觉或情绪，她称之为"情感恐惧症"[1]。患这种病的人，其行为就像本章开头故事中提到的那三个人一样。

当你开始接近自己的感受时，你会如何描述这种感觉呢？你是否开始感到紧张或不安？或者你会不会把它描述为感到焦虑或不安？或者不如说是不舒服？所有这些形容词都与恐惧有关，这让我们想要退缩，这就是我们对威胁的自然反应，对于那些令人害怕的东西，我们希望躲得越远越好。

而情感恐惧症，会让我们想逃避自己的感觉。

✳

而说到我自己与情感恐惧症的斗争，不得不提到我博士毕业的那天。我曾认为这一刻永远不会来到。但那一刻，我成功了，即将得到我的博士学位。这时候，除了停下来细细品味这份愉悦，什么都不用做。

当我站在那儿，等待着庆祝活动开始时，我开始想起我在过去几年中取得的所有成就，所有繁重的工作、所有的障碍，我都已经克服了。

我想停下脚步，让自己真正享受这一刻，沉浸在这一刻的荣耀中。尽管我很努力，但我做不到。我既焦虑，又紧张。

我的双脚使劲蹬着地板，强迫自己站稳，并试图腾出一些空间。

一股小小的自豪感开始浮现出来。我准备好了，我想。就在我即将与它接触的时候，一股焦虑将它冲散。

"该死的！到底发生了什么事？"我感到很沮丧。"让我再试一试吧。"

我吸了一口气，试着唤起一些好的感觉，试着将它们变成现实。又深吸一口气，并开心地轻声低语。但我还没来得及抓住它，它就消失了，被一种奇怪的罪恶感控制着，仿佛我不配拥有幸福。就好像，如果我真的感觉良好，就会发生可怕的事情。

我又想，"这没道理啊。这是我一直在等待的时刻。我应该很兴奋才对！"

突然，一阵阵号角声响起。我的心跳加快了，前面的队伍开始动了起来。我走在长长的一段过道上，我看见了一间宽敞的房间，里面坐着父母、亲戚和朋友，脸上带着骄傲，空气中充满了期待的嗡嗡声。我扫视着观众席，希望找到一张熟悉的面孔，想找到我的家人，想应付自如。然后，我发现我的两个姐姐站在远处。她们也看见了我，眼睛里充满了认同。我们带着微笑兴奋地朝彼此挥手，我甚至可以看见她们在擦拭激动的泪水。

就在我坐下后，突然感到不知所措，开始哭了起来。我身下的地板仿佛裂开了，一股巨浪朝我袭来，将我淹没。我坐了下来，支撑着自己的身体，来抵御这股强烈的情感洪流。我振作起来，尽量保持安静，这样就不会有人注意到我内心的颤抖。

"我想知道刚刚那是怎么回事？我为什么会流泪呢？"我是被姐姐们眼中的爱所感动吗？还是为我的成就而感动？可能都有吧。但这也是痛苦的眼泪,是我不理解的眼泪,是没有意义的眼泪。于是,我不再想这些事情,把它们抛到了九霄云外。

后来,默默地进行了仪式之后,我带着微笑,去找我的家人。但当我在人群中找到他们的时候,我母亲发现我不太对劲。

"发生什么事了,亲爱的?"她紧张地问我。

泪水再次充斥了我的眼眶,我摇了摇头。"这段时间太累了。很多工作要做。"我回答道。我试着微笑,但没有用。我又开始流泪,不久,就被这种深深的、混乱的悲伤所淹没。

我的家人站在那里,脸上露出疑惑的表情。姐姐翻了个白眼,姑姑看起来一脸迷茫,父亲把头转了过去。我感到一阵尴尬,低头看了看,调整了一下情绪,狠狠地咽了咽口水,努力装出一副幸福的毕业生模样。

在坐车回家的路上,我没有感到轻松,没有感到满足,当然也没有感到高兴,几乎没有任何我所期待的喜悦。我麻木地望着窗外,建筑物飞快地经过,只留下模糊的景象,一股孤独感油然而生。

这对我来说,本该是一个快乐的时刻,本该充满了自豪感和深深的满足感;我应该感谢姐姐们、家人们对我的爱;我应该高兴到了极点;我应该乐于和她们分享这些感受。回想起来,我明白情感恐惧症在很大程度上破坏了我的体验,让我窒息,让我和别人始终有一段距离。长年累月的负面情绪影响了我的状态,使我几乎不能表达,不能与人交流,也不能接受所有美好的事物。而当压力变得如此大时,这些蓄积的情感就会爆发出来,让人不知所措,让人迷惑。我甚至无法区分这些情感。

当时,我真的一点头绪都没有。

了解这些征兆

在某种程度上，我们大多数人的情绪都受到了抑制，无法自如地体验和表达我们的情绪。但大部分人都没有意识到发生了什么。我们可能会注意到恐惧的感觉，但不知道为什么会有这种恐惧感：我们把大部分精力都放在如何管理焦虑上，以至于无法看到其背后隐藏的东西。然而，大多数情况下，我们切断了与自我的对话，以至于我们几乎没有意识到自己非常难受。我们所有的痛苦都隐藏在我们的意识之外，潜伏在幕后，但控制着我们的一举一动。我们脱离了现实，善于回避我们的情绪，我们甚至都没有看到发生了什么。我们没有意识到我们对在情绪产生之前就封闭自己这件事有多么娴熟。事实上，我们已经变得非常善于回避自己的情绪，甚至没有意识到内心情绪的存在！因此，我提出的四步法中的第一步就是要注意到自己情绪，以及你逃避情绪的防御方法。首先，我们必须要做一些唤醒意识与情绪关系的练习。

你害怕你的情绪吗？

即使你可能没有意识到任何情绪上的不适，也没有意识到背后发生了什么，但只要稍加思考，你就能发现情感恐惧症的一些征兆。现在停下来思考一下你对情感的反应。下面列出来的这些情感恐惧症的常见征兆并不是详尽无遗的，但它们可以帮助你开始好好了解自己的情感。

对一般情感的恐惧

• 避免出现可能会让人情绪化的情况（例如，探望处于悲痛中或

生病的朋友;离职时与同事道别;成就得到他人的认可;处理和
爱人的冲突或令人沮丧的事情)

- 当你感到如悲伤、愤怒或恐惧时,却微笑或大笑
- 发现很难静下心来活在当下
- 反复思考想做的事情,在脑海中一遍又一遍地思考,却无法采取
  行动
- 不停地怨天尤人,但不采取任何行动去改变环境
- 总是想要获得掌控感
- 当面对一些情绪上的问题时,感到不知所措,无法确定自己的
  感受

害怕在感情上与他人亲近或发展为亲密关系

- 当你内心开始有任何情绪波动时,会远离他人,甚至可能是与你
  亲近的人
- 与他人共处时,如果气氛很安静,会感到不舒服或紧张
- 为自己的某种特别感受而感到尴尬或羞愧
- 对长时间的眼神接触感到不适
- 当别人表达自己的感情时,会感到焦虑
- 无法承认或公开表达自己内心的感受

对悲伤或烦恼的事情感到不适并企图逃避

- 不想在任何人面前哭泣,强忍着泪水
- 害怕会变得脆弱,也不想表现得很软弱,会装作好像不受影响
  一样

- 担心自己哭得停不下来，担心自己会失去控制或发疯

害怕生气或过度自信

- 不允许自己生气
- 对某件事情耿耿于怀，并总是感到气愤
- 经常忽略自己的愤怒情绪，以致承受不住以乱发脾气的方式爆发出来
- 以被动的方式表达愤怒（例如，迟到、不回电话、"忘记"做某事），而不是直接表达
- 难以为自己辩护或表达与他人不同的立场
- 觉得自己有义务做一个好人或做好事，内心却感到不满，然后指责自己像个坏人

害怕幸福或快乐

- 无法长时间感受到真正的快乐或喜悦感
- 忽视自己的成就或者对正面情绪后知后觉
- 不能与他人分享自豪感或幸福感
- 当受到别人的恭维和赞美时感到不自在
- 难以自发地去做某些事情

关于程度的问题

以上这些征兆中是否有你熟悉的？也许你会对其中一些感到认同，或者只认同少数几个。这是因为我们对情感的惧怕程度不尽相同。这一切都取决于我们接近情感时，自身的焦虑程度或恐惧程度。

有些人害怕有任何情感。他们的恐惧是如此强烈，以至于他们完全抑制了内心所产生的活动，抹杀了任何让自己的情感表现出来的可能。但如果你仔细观察这些人，你可能会感到惊讶。虽然他们可能看起来毫无感情，但更多的时候，他们是非常焦虑的。而在他们的焦虑之下，在他们的意识之外，是有情感的。他们只是不太适应，甚至没有意识到自己内心的情感。

与前者相对应的是那些高度情绪化的人，他们通常无法调节情绪，也不能使情绪为我所用。他们所面临的困难不是敞开心扉直面自己的情感，而是找到方法来控制自己的情绪，管理自己的情绪体验。虽然接下来我要分享的一些技巧可能会对那些高度情绪化的人有所帮助，但这本书主要是为那些需要感受自己情绪的人而写的，以便能够让他们更充分地感受到自己内心的情感。

我们大多数人似乎习惯于某些特定的感觉，而对其他感觉则不太适应。比如说，你可能是一个很容易让自己感到放松下来的人，很会享受和朋友在一起的快乐时光，但却无法接受愤怒的情绪。或者，你可能对愤怒这种情绪习以为常，但却无法接受一些更加平和一些的感觉，如悲伤、柔和或者是亲密。再或者，你可能觉得悲伤这种感觉没什么大不了的，但对于花时间享受，让自己感到满足，或者获取自豪感这种事情反而会觉得不舒服。

不过，事情并不总是像它们看起来那样。当我们难以接受一种特定的感觉时，我们去享受其他感觉的能力也会受到阻碍。当我们哪怕只是压抑一种感觉时，其他感觉也会受到影响，我们对愤怒的不适会影响我们对快乐的体验，我们对悲伤的恐惧会影响我们对爱的体验，诸如此类的例子数不胜数。

就拿我们之前提过的丽莎来说吧。

所有事情息息相关

当丽莎第一次来见我时，她说自己是个乐天派，能够享受生活，喜欢笑，平时也过得很开心。但是，她认为令她沮丧和失望的罪魁祸首是她男朋友。如果格雷格不那么自私，能够多关心她的感受，那么，她就不会感到那么不开心了吧？

嗯，可能吧。

毫无疑问，如果格雷格能够更亲近丽莎，这当然好，但丽莎无法排解和处理自己的愤怒，这也是一个问题。

当丽莎回避并压抑自己的愤怒时，她会感到不满和烦躁，而这些愤怒感会充斥她的整个生活。她感到和格雷格之间有些生疏，他们在一起的时候，她有点心不在焉，不能完全投入，对性也失去了兴趣。此外，她感到沮丧；她工作时也不开心，而且没有什么精力去做她以前本来喜欢做的事情。她生活中的方方面面都受到了影响，就因为无法从愤怒的情绪中走出来。就好像只要那些愤怒情绪还存在，就没有任何空间来存放其他情绪。

当丽莎来我这里治疗她的情感恐惧症后，她克服了恐惧，接受并排解了自己的情绪。首先，帮助丽莎关注自己的情绪。她需要知道的是，在其行为之下，充满了对格雷格的愤怒。这是四步法中的第一步：注意自己的情绪。此外，我还帮助丽莎确认她一直在逃避愤怒的方式。她开始认识到自己有一种倾向，即否定自己的感受，把它们合理化（比如暗示自己"我只是累了""我对格雷格太苛刻了"等等），并试图压抑自己的怒火或者"吞下"自己的怒火。然后，我帮助丽莎，如何在注意自己的感受时缓解不适，这是第二步，我称之为平常化。她学会了调整自己身体的紧张感，放松肌肉，并在情绪体验中深呼吸。通过练习，她能够自如地体会愤怒的内在感受，这就是第三步——感受情绪，然后再利用她随之而来所发现的正能量。一旦丽莎变得更善于处理她的感受，并与格雷格分享，那么就到达了第四步——接纳情绪，这一步不仅让她感受到和男朋友的关系的升温，而且提高了她其他方面的生活质量。她感觉到了快乐，对工作又充满了热情，生活中充满了新的活力。正如她所描述的那样，她觉得好像是"一种重要的生活动力回来了"。

当我们的治疗接近尾声时，丽莎与我分享了这样一段生活经历：

周末的时候，她和格雷格外出旅行，享受二人时光。某个周五下班以后，他们开车去了山里的一个度假村，半夜才到，他们太困了以致直接倒在床上睡着了，经过一周漫长而辛苦的工作后，他们总算松了一口气，可以好好休息两天了。

第二天早上，他们醒来时，阳光照进房间。丽莎下了床，拉开窗帘。一幅壮观的景象映入眼帘。清晨的阳光在湖面上翩翩起舞，伟岸的松树高耸入云。

"格雷格，快看。"她说。

他伏在窗前，搂着她。"宝贝，这景色太美了！"他说。

他们静静地站在一起，拥抱着彼此，工作周的烦恼逐渐消散。"这正是我们所需要的。"丽莎心想，一股暖暖的喜悦涌上心头。

早餐后，丽莎跑回房间去拿相机。返回来后在大厅，她远远看到格雷格在打电话，来回踱着步。

她心里有什么东西在骚动。"他一定是在和别人谈工作吧。"她想，并开始感到恼火。"我们说好了周末不工作的！"格雷格发现了她，很快就挂了电话。

"你在和谁打电话？"丽莎走近时问道。

"没事，我只是在看短信。来，我们走吧。"

当他们向小路走去时，丽莎看得出格雷格心不在焉，显然是在想一些工作上的问题。她感到体内生发出一种灼热感，现在她知道了，那是她在生气。有那么一瞬间，她想放任这种情绪，但随后还是抑制住了。

"我知道会导致什么后果，"她笑着对我说。"我的整个周末都会被愤怒的情绪笼罩。"因此，她尝试了另一种方法。

"格雷格，"她对他说。"我很生气。我们不是说好了周末不谈工作的吗？"

"我没有在打电话。我只是看看短信。"他防备地说。

丽莎感觉到她的怒火又燃起来了，但还是忍了下来。

"我不管你是在看短信还是在打电话，"她坚定地说。"反正你都是在想工作，你分心了，这影响了我们在一起的时间。"

格雷格把目光移向别处，沉默了一会儿，他的内心似乎非常挣扎。然后他叹了口气，回头看了看丽莎，认真地说："没错，你说得很对，我很抱歉，有时候，我真的很难不去想工作上那些事情。"

她能看到他眼中的懊悔，而自己内心的怒火也在消退，一种放松感很快就取代了愤怒感。"哇，这种感觉太奇特了。"她心想，内心的温暖又回来了。于是，他们拉着对方的手，开始一起散步。

丽莎看着我，眼睛湿润了。这不是悲伤，很显然，她是被感动了。

"我们度过了一个非常棒的周末，"她说。"我觉得和格雷格很亲近。"

"感觉如何？"我问。

"美妙极了。"她说。

我看了看她，坐直了身子，我很高兴，并为她处理和男朋友感情的方式而感到骄傲，也为她更好地表达情绪所做的一切感到自豪。

我对她说："肯定是的，感觉焕然一新吧。"我们心照不宣地朝彼此笑了笑。

✳

这种感受就是那些更能接纳和与他人分享自己感受的人所拥有的。他们有良好的自我意识，他们有主见，能够满足自己的需求，能够为自己的成就而感到骄傲，能够体验到更加深刻的快乐。他们能够在伤心时哭泣，在失去时悲伤，在受到威胁或攻击时胸中燃起愤怒的火焰。他们喜欢与他人亲近；能体验到温暖和爱的感觉；也能够尽情地享受性爱。

听起来很不错，不是吗？

还有什么好疑惑的呢？

也许你还有疑虑。也许你已经跟上我们的脚步开始了自己的探索，但有的时候你还是会忍不住去想，"难道我们的情感不碍事吗？它们太不理智了！它们会不会把事情搞砸？会不会把事情搞得一团糟？我会不会最终沉浸在感情中不可自拔呢？如果我不用面对我的情感，如果我可以依靠我的理智渡过难关，那不是更好吗？"

如果你问自己这样的问题，我并不感到惊讶。这是常见的反应；我的许多来访者第一次来见我时，也会说同样的话。当我鼓励他们去关注自己的情绪时，他们会问我："这样做有什么好处？"或者"这样做会让我变成什么样？"通常我会反问："就目前来看，不关注自己的情绪让你变成什么样了？"

如果忽略你的情绪对你有好处，那就停止读这本书吧，继续做你正在做的事。如果那样做对你没什么影响，那就不要把它搞糟。

然而，可能的情况是，既然你选择了拿起这本书，那么忽略自己的情绪肯定是已经不起作用了。你不知道该怎么做，你想往前走，但你也有一些疑惑。

所以，让我来帮助你解决你的顾虑吧。

"把事情搞砸，把事情搞得一团糟，或者碍事"这种陈词滥调的说辞大可不用理会。把事情搞砸的不是你的情绪，而是你试图否认它们或让它们消失。

当然，有些时候，你可能需要调整情绪，憋在心里，或者不按它行动。但是，一般情况下，当你试图阻断自己的情绪，甚至已经到了不让自己在内心感受它们的程度时，你就是在和自然生理过程作对。作为人类，我们被赋予了感受和与情感相通的能力。我们的感觉实际上是神经生物学一部分，它们是我们的大脑对环境中的某些东西发出的直接反应的信号。当你试图忽略你的感受、抑制它们，或者把它们压下去时，这个按照你最佳利益设计的与生俱来的过程就会短路。

从进化的角度来思考这个问题，我们作为一类物种，情绪在确保生存中起到了关键作用。如果史前人类对那些向他们冲来的凶猛动物没有任何情绪反应的话，就不会在荒野中生存那么久。正是恐惧的情绪让他们的心脏加速跳动，让血液流向双腿，以便他们奔跑。如果没有与他人紧密的情感纽带，他们就无法生存下来，因为这种纽带可以帮助他们感受到安全和保障，让他们战胜巨大的挑战。

很简单，我们的情绪经过数百万年的发展和延续，对我们的生存至关重要。

不如想一想我们的情绪在今天的生活中以哪些重要的方式帮助我们。

兴奋和喜悦鼓励我们敞开心扉、参与或者继续那些引起我们兴趣的活动。爱促使我们更加亲近，离所爱的人更近一步，更深入地敞开心扉和分享。愤怒促使我们保护或捍卫自己，必要时设定界限或限制，让我们的意见得到聆听。厌恶促使我们后退、转身离开，并避开有潜在危害的东西。伤心和痛苦同样促使我们放慢脚步，让我们用时间去解决那些让我们悲伤的事情（失败、失望、受伤），也促使我们哭和诉说我们的痛苦,促使我们到他人那里寻求安慰,促使我们做任何我们需要做的事情来照顾自己、放下心结并继续前进。

这些不都是有益的事情吗?

以这种最基本的方式,我们的情绪会调动并引导我们以积极的、愉快又满意的方式来面对生活和我们所遇到的不同情况。正如神经科学家约瑟夫·勒杜所写的那样,"情绪规划了每时每刻的行动路线,也为长期的成就扬起了风帆"。[2] 而且它们帮助我们传达内心的想法,并以合适的方式与他人来往。

用合适的方式处理感觉,它们就不会让事情变得更糟,而是会让事情变得更好。

沉浸在感情中不可自拔。 就像亚历克斯一样,他害怕哀悼死去的父母。你或许也会担心直面自己的感情,怕自己无法自拔。但是,简单来说,沉湎于情感并不等同于直面感情。沉湎于情感是只有我们被困住时才会发生的事情。当我们一直没有感受到我们的情绪时,就会发生这样的事情,当我们没有顺着我们的情绪能量到达其所要带我们去的地方时,就会发生这样的事情。

当亚历克斯告诉我,他担心自己会"最终沉浸"在悲伤中时,我借机消除了他的这种误解,这很常见,即感情是永无止境的(顺带一提,这是一种典型的对悲伤的防御)。我解释说:"所有感情都有一种自然的流动。像波浪一样,它们上升,达到高潮,然后消散。当其完全被感受到时,通常不会持续很久——有时是几分钟,有时只有几秒钟。"

"真的吗?"亚历克斯有些不相信地看着我,但我能看到改变在发生。

我告诉他:"只有当我们情感的自然流动受阻时——通常由恐惧、焦虑或抑郁所导致,当我们开始防御时,或者当我们在面对一些让人喘不过气的东西,而没有得到可能需要的支持时,我们才会陷入这种沉湎状态，既不能忘掉它又不能享受它。因此，必须要真正感受到自己的情绪，才能结束这种沉湎于情感的状态，让我们向前看。"

他带着赞许点了点头，眼泪夺眶而出，这表明，他终于开始让情感自然地表达出来了。

✳

这并不是说，以后亚历克斯对自己的情感敞开心扉就没有任何问题了，也不是说我的话从根本上改变了他的处境。不过，他已经知道了悲伤不应该永远持续下去。而且这个过程其实也有一些好的方面，亚历克斯感到不那么焦虑了，更能向着健康的方向发展。把自己的恐惧说出来，让它们暴露在现实的阳光下，这往往可以减少恐惧。这一点我们将在第五章中详细讨论，帮助你解决焦虑和恐惧。

不足为奇的是，在亚历克斯的恐惧之下，隐藏着其他感觉——巨大的悲痛感。这种悲痛不仅是因为他失去了父母，还与他和父母之间的亲密感有关，这种亲密感是他的父母还活着的时候所给予亚历克斯的，现在却不复存在了。当我们一起审视他的感受时，亚历克斯越来越清楚地意识到他总是在回避情感。为了使这个过程更容易控制，不至于太过压抑，我们花了一些时间来区分和分离亚历克斯的不同感受——悲伤、愤怒、内疚和爱，并有意识地给每一种情绪一些呼吸的空间。每当亚历克斯让自己去体验情感时，他都会体验到一种深深的解脱感和更新。他感觉自己更有活力了，与自身的联系更加紧密，与生活中的其他人也更加亲密了。而他也不再那么担心沉浸其中。

或许理性有更大的作用？ 理性思维是一种思考事物和运用理性的能力，这是一种好的能力，也是一种必要的能力。但在很长一段时间里，理性思维被视为保持心理健康的要义和终极目标。而现在我们有了更清楚的认识，我们的感性思维对健康也起着根本性的作用。

想一想，如果我们的理性思维如此强大，为什么我们的感觉往往能够凌驾于我们的思维之上呢？为什么我们的理性认知是一回事——如"这没什么好怕的"——要在感觉上说服我们却是另一回事？

以凯特为例。她期待假期已经有好几个月了，现在终于到了，却无法享受。她被焦虑所笼罩，对自己享受生活感到内疚，她担心如果真的放手去享乐，可能会发生不好的事情。

凯特的担心是不理智的。她在理性层面完全知道，她期待已久的假期终于来了，她知道享受生活并没有什么错。她也知道，即使真的发生了不好的事情，她也能处理好。可是她的担心和恐惧却一直压制着她的理性认知。

显然，凯特在外表之下还隐藏着更多需要处理的情绪情感，但为什么她无法去面对呢？为什么她不能理智地对待这件事，并用理性来驳斥自己的情绪情感呢？

一部分原因在于我们大脑的运作方式。

还记得我在前言中说过的吗？情绪情感比理性认知更强大。近年来，技术的进步使科学家能够更精确地了解大脑是如何运作的。约瑟夫·勒杜在他那本有趣的书《情感的大脑》中，清楚地说明了大脑从情绪情感部分到思维部分的神经连接，实际上比到其他方向的连接要强大得多。[3]这有助于解释为什么有时候情绪能够压制我们的思想，主导我们的思维，为什么单靠理性认知很难控制强烈的情绪情感。

有时候，试图用理性掌控我们的情绪情感，就像试图逆流而上。我们最好学会如何接受并与自己的情绪情感合作，而不是抗拒它。

我们从感觉中获得的宝贵信息

这有一个小测试：想象一下，在没有感觉的指导下，你试着做出一个决定。想想未来五年后你希望过什么样的生活？十年后呢？想一想，如果不考虑感觉的话，你选择的伴侣或配偶会是什么样子。来吧，试试看。实际上，这根本不现实，如果没有感觉，一旦做出决定，我们不知道会受到怎样的影响。

这就是为什么那些有情感恐惧症的人最终会做出错误的决定或停留在对我们不利的关系或情况中。我们太害怕倾听和依赖我们内心的感觉，害怕我们的那种直觉。当然，仅仅依靠我们的情绪来做决定而不看客观情况也是一个问题。最好的方法就是能够与我们的感觉商量一下，并利用它们来指导我们，同时也将其他有用的信息纳入我们的思考过程。如果我们有勇气与自己的感觉同在，聆听它们告诉我们的东西，我们可能会对应该做的事情有一个更清晰的认识。我们或许还会发现，前进和做出改变所需要的动力和能量。

生存还是毁灭

你的自我认同（你对自己的深刻认知），在很大程度上是由你的感觉和回应所决定的。你喜欢什么和厌恶什么，什么让你开心，什么让你悲伤，什么让你兴奋，什么给你带来快乐，什么让你烦恼，什么让你沮丧，什么让你热血沸腾——所有这些都是你的身份标签。

在感受中，我们找到了真正的自我。如果我们回避或否认自己的感受，或是抑制它们，我们在某种程度上就否认了我们自己，压制了我们的声音,牺牲了真正的潜能和力量。

✳

你有没有听一首歌听了上百遍,然后出乎意料地,有一天它以一种完全不同的方式来回应你? 在我生命中的灰暗时期就曾发生过这样一件事,那段时间我痛苦地挣扎着,想知道一段持续了五年的感情是否真的适合我。

有一天早上,我正准备上班,像往常一样,我在音响里放了一张CD,希望能带来轻松愉快的氛围。当我刷牙的时候,一首由斯蒂芬·施华茨作词作曲的《草地鹨清脆叫声》开始播放了起来,这是音乐剧《面包师之妻》中的一首歌。我以前听过很多次,一直很喜欢这首歌。然而这次,歌词引起了我的注意,突然产生了共鸣,让我沉浸其中。

这位女歌手唱的是一只鸟的故事,一只草地鹨,它的声音非常美妙,犹如天使的声音,但是失明了。有一天,草地鹨被一位老国王发现了,他把草地鹨带到了自己的城堡,给了它一大笔财富,并答应照顾它一辈子,而草地鹨要做的就是为国王唱歌。草地鹨觉得这个交易还不错,于是同意了,并且在接下来的很长一段时间都满足于此。

有一天,当草地鹨在河边唱歌的时候,太阳神偶然发现了它,听到了它的歌声,并被它美丽的歌声所吸引,于是赐予了它视力。当它睁开眼睛时,它看到了一个英俊的年轻人,站在面前。年轻人希望草地鹨可以和他一起飞到天涯海角,从而过上它一直憧憬的生活。

它想和英俊的年轻人一走了之,虽然这样做不太体面,但可以过上它一直渴望而又拒绝的生活。但最终它无法让自己这么做。它害怕,害怕伤害老国王,害怕展翅飞翔,害怕忠于自己的感情,它不忍心因自己的享受而让他人承受损失,所以它拒绝了。

太阳神失望地飞走了。那天,当国王来找草地鹨时,发现它已经毫无声息地躺在地上,死了。

听着听着歌，我内心好像有什么东西得到了释放，我被这种深刻的领悟所打动。我流出了眼泪，很快又开始抽泣。我内心深处的某个地方突然爆发出这种巨大的悲痛，冲破了大坝，一波一波地向前涌。

与我毕业那天不同，这次我知道自己在哭什么了。

我就是那只草地鹨！它的故事就是我的故事。我曾经变得非常害怕跟随我的心，害怕顺从、信任自己的感觉，以至于在不知不觉中和自身的重要组成部分脱离了——一个对我来说非常重要的、深情的内心，它知道我想要什么、我渴望什么、什么对我来说是对的、什么是错的——我最真实的自我。它一直被困在我体内，被恐惧束缚着、迷失着，很久很久……

但以后不会了。我现在能听到自己真实的声音了，我不能让自己像那只草地鹨一样死去。我知道我需要做什么，我知道我必须结束现在的关系，向前看。这并不容易，事实上，这是我做过的最艰难的决定之一。有时，感觉这很有挑战性，很可怕，但在我内心深处，它是正确的。我不能再牺牲自己了，我需要听从自己内心深处的声音。

让自己去感受并让自己的感受引导你度过每一天是需要勇气的。通过切断那些封锁自我的束缚，你就可以放飞自己的感情，充分感受到它。你同样也可以放飞自我，把你真正的潜能释放出来，而不是像那只丧失生命的草地鹨一样，禁锢你的感情，禁锢你自己。

✳

下一章我们将讨论我们每天是如何禁锢自己的，我们为什么要禁锢自己。了解为什么会被禁锢，对我们来说是重要的一步，因为我们最终希望能够以一种完整而全面的方式来体验和分享我们的感受和自身。感受到自己的活力和生命力，感受到与所爱的人有更深的联系，享受敞开心扉、肆意生活所带来的富足感、充实感和满足感。

现在，你已经开始变得更加容易注意到和适应你内心的情绪。你已经开始慢慢认识自己、了解自己了。

本章重点

- 情感是我们与生俱来的一部分,因此,是一种"固有的"反应。

- 情感的存在对我们来说是有益的。

- 我们都认为我们找到了真正的、真实的自我。

- 大多数人在某种程度上都害怕自己的感情。这种恐惧可以被称为情感恐惧症。

- 我们的防御机制,而非我们的感觉本身,会导致我们陷入困境。

- 被压抑的感觉会导致一系列的身体、情绪和心理问题。

- 感觉就像浪潮,有一种自然的流动。它们上升,达到高潮,然后消散。

- 我们的大脑是连接起来的,因此,我们的情感比思想更强烈,运作更快。

- 感觉是决策的重要指导。

- 你存在的核心是由你的感觉和方式决定的。当你回避你的感受时,你就会限制自我认同,阻碍你真正潜力的发挥。

- 虽然面对自己的感觉需要勇气,但回报也是巨大的。

第二章

我到底是如何走到这一步的

无论历史有多么痛苦,都无法将之消除;但如果提起勇气来面对,历史就不一定会重演。

——玛雅·安吉罗

　　凯伦说了将近 15 分钟,谈到了她与丈夫之间的各种问题,但我仍然不确定她的真实感受。她说,过去五年来,越来越多的困难已经把她逼到了绝境。至少她是这个意思,但我看到的并不是这样。她坐在我的对面,穿着时髦,一头乌黑的直发、一双棕色的大眼睛,在向我诉说痛苦经历时,却在微笑。

　　"我该怎么理解这个笑容?"我在想,"这看起来有点反常。是紧张的笑容吗? 她是觉得尴尬吗? 她在担心我的看法吗?"她脸上的表情,有点像小孩子,就像戴了一副面具,隐藏了她的真实感受。这让我想起了曾经的我,当时我的焦虑变得非常强烈,它就像一堵墙,一个强大的堡垒,不仅把别人挡在门外,也把我自己和我的感觉隔离了开来。

　　"凯伦的笑容背后隐藏着什么?"我想。"她在努力掩饰什么?"

　　"凯伦,我能问问你现在的感受吗? 你一直在跟我说这些痛苦的事情,但你几乎一直在微笑。我真的不知道你现在究竟有什么感觉。"

　　凯伦停顿了一小会儿,然后试探着说。"我不知道,"她说。"我的意思是,我的心很烦。"

　　我并不惊讶于她不清楚自己的感受。在我看来,她似乎还没有和自己的感觉建立联系 ——还没有变得更情绪化。

　　"好吧,静下心来仔细想想自己的感觉,"我建议道。"在你的内心当中,你感受到了什么?"

　　她的微笑开始消失,这是坐下来以后的第一次。"嗯,我觉得有点紧张,有点精神紧张吧……"

　　"在你身体的哪个部位,你觉得?"我希望她能逐渐意识到,感受能帮助她更接近自己的感觉。

她的手滑向胸前。"就在这里……感觉有点发紧。"

"对，仅仅关注它。"我鼓励道。

当她这样照做时，她的眼睛里充满了泪水。然后，她用小声的、试探性的声音说："其实，我觉得有点害怕。"

"真的吗？害怕什么？"我尽量温和地问道。

"我也不知道。我猜可能是你会怎么看我。"她停顿了一下，然后继续说。"很奇怪，我突然觉得我像个小女孩，而且我很害怕。我害怕你会认为我是个坏人。我害怕因为我的这种感受让你认为我是个坏人，害怕因为我有这种感受让你认为我是个坏人。"

凯伦和我很快就发现，她经常这样看待自己的感受，而且不仅仅是和我在一起时。对于自己的感受和对自己情感的信任，也经常让她感到不舒服，并怀疑自己有这种感觉是不是太疯狂了。

是什么地方出了问题？

是什么原因导致凯伦以如此不确定的态度对待她的情感？觉得自己是个坏人？为什么她觉得别人因她的感觉而误解她？为什么凯伦对自己真实的感受、信念和分享她的感受变得如此不自在？对于这个问题，为什么很多人会变得这样害怕自己的感受？

我们当然不是一来到这个世界就是这样。

也许你有自己的孩子、小的弟弟妹妹或者朋友家的宝宝。花时间想一下，当婴儿产生情感的时候，他们是什么样的。你有没有注意到他们的情感是如何流露的？每当我在婴儿面前时，我都会被他们可以如此自由地表达情感所震撼。他们高兴时就笑，不满时会哭，受挫时气鼓鼓的,他们随时都在表达和交流基本的情感。多有生命力,多么鲜活的生命。这是多么令人欣喜的见证,人类丰富的情感体验可以如此自然而轻松地呈现出来。

然而,这些让我充分感受到的奇迹和凯伦以及我在工作中和生活中遇到的许多成年人形成了鲜明的对比。我的意思并不是我们应该像婴儿一样随意表现出自己的喜怒哀乐,对自己的感受不加任何修饰,那当然是不健康的。我们需要以成年人且成熟的方式处理我们的情感。但是,如果我们生来情感就不受约束,那么到底是发生了什么,让我们变得如此拘谨?我们是怎么失去这种与自己的情感进行自如交流的能力的?

答案可以从我们最早的情感经历中找到。

婴幼儿时期

虽然每个人天生就有产生情感的能力,但在婴儿时期,我们不知道什么是情感,我们不知道如何处理或理解它们。在这种情况下,我们完全依赖于我们的照顾者来教我们如何驾驭这个情感的新世界。

我们需要我们的照顾者敏感于我们的需要,并对我们的感受做出回应,确认这种感受,并帮助我们理解它们的价值。我们需要他们帮助我们应对和管理我们的情绪,如愤怒、悲伤和对亲密的需求,特别是当这些感受很强烈或无法抗拒时。当照顾者帮助婴幼儿成功地调节情绪后(例如,通过一边抚摸受惊孩子的背部,一边给予她安全感;与小孩子谈论他的愤怒,并帮助他发展建设性的方式去表达,以及去处理那些会引起愤怒的情境等),孩子们会逐渐形成可以充分感受和体验自己的感觉的能力,并以健康的方式来表达和对待这些感觉。而我们在儿童时期体验到的感受范围越广,随着我们的成长和发展,我们的情绪范围就会越大，越灵活。[1]

当我们的照顾者的情感大门是打开的，当他们对照顾自己的情感感到轻松并有技巧时，整个过程就会顺利进行，而我们自己也会成为情感上的能手。但问题就在于此，许多照顾者并不具备这些素质，我们中的许多人都是被有情感缺陷的父母带大的，他们或多或少都对情感——他们自己的或者和别人的情感——感到不适。事实上，我们中的一些人是在有情感恐惧症的父母的陪伴下成长的。

这正是问题之所在。

依恋研究和婴儿发展研究表明，作为婴儿，我们对从照顾者那里得到的关于感情的线索极为敏感。当我们的父母对某些感觉感到不舒服，当他们对这些感觉做出负面回应时，哪怕是微妙的，我们也会察觉到。我们的感觉非常敏锐，并会从我们最早的体验中学习到哪些感觉是可以接受的，哪些是不能接受的。我们能够辨别出哪些感觉让父母不舒服，哪些感觉给他们带来快乐，哪些感觉能拉近距离，哪些感觉让他们觉得疏远。而且，正如心理学家戴安娜·福沙在她的《情感转化力》一书中所解释的那样，为了维护我们的主要依恋关系，我们会相应地调整我们的全部情感能力，抑制那些威胁到我们安全感的情感。[2]我们会不惜一切代价让妈妈更关注我们或取悦于爸爸。例如：

- 一个孩子在玩他的玩具，当一个玩具滚到他够不着的地方，他感到沮丧和生气。他的妈妈对此场景感到焦急，不知所措。孩子感受到了妈妈的不安，久而久之，他就学会了控制自己的愤怒。

- 当婴儿很兴奋时，她挥舞着手臂，踢着腿，高兴地尖叫着。她的父亲突然就离开了，希望她能平静下来。孩子感受到距离感，随着时间的推移，学会了抑制自己的兴奋。

- 在邻居家的狗狂吠时，一个小男孩吓得大哭起来。他父亲看到他这样却很恼怒和蔑视。随着时间的推移,孩子学会了压抑那些脆弱的情感,如恐惧和悲伤。

- 一个小女孩玩完后兴高采烈地跑进屋里,拥抱并亲吻她的妈妈。她妈妈往后一缩,说:"别那么傻。"孩子最终学会了抑制自己的爱和感情,不再寻求亲密和安慰。

- 一个小男孩受不了父亲的要求,愤怒地以一种报复性的方式说:"我恨你!"他的父亲无法应对儿子对他的愤怒,在情感上和身体上都疏离他,好几天不和儿子说话。于是,这个孩子习得害怕自己的发怒,并为自己的顽固而感到内疚。

偶尔类似这样的时刻可能不会造成持久的影响,特别是当父母通过那些调和、沟通的方式来修复创伤——敞开心扉,友好沟通。但一次又一次重复这些经历会导致孩子变得压抑并排斥那些可能会引起照顾者负面反应的情感。

我们在孩童时期抑制那些不良情绪的做法是适应的,因为它有助于我们获得基本的安全感和可靠感,并帮助我们和主要照顾者建立联系,但它有很高的代价:它损害了我们与生俱来的感受和表达情感的能力。作为有情感的物种的发展受到阻碍,我们的情感能力受到限制。我们最终切断了与自己的情感联系,也切断了与他人的联系。

我是岩石,也是岛屿

在凯伦的微笑背后是丰富的情绪。深沉的痛苦、悲伤、难过和愤怒——这仅仅是一些能叫上名字的情感,即那些她尽力在压制和隐藏的情感;那些在她成长的过程中根本没有生存空间的情感。当我和凯伦一起努力面对和减少那些让她觉得自己像个小女孩的恐惧时,她告诉我她小时候的生活是什么样子的，尤其是与她母亲有关的生活。

她母亲的情绪难以预测，凯伦永远不知道母亲的情绪如何，也不知道什么时候会突然变坏。虽然有时她的母亲很愉快，但有时也会很烦躁，甚至不稳定。这种"忽冷忽热"的性格弥漫在家里，让家人都提心吊胆，小心翼翼地围着她转，尽一切可能避免凯伦所说的"妈妈的暴怒"。凯伦的父亲想尽一切办法安抚妻子，让她开心，但结果也只是昙花一现般的短暂。

凯伦的母亲对凯伦特别挑剔，经常会无缘无故地对她大吼大叫。有一次，凯伦回忆说，在一个大雪纷飞的冬天，她放学回家，很兴奋，因为邻居的女孩们都叫她出来玩。她的母亲无法摆脱自己的焦虑情绪，乐女儿之所乐，给她的兴奋泼了一瓢冷水。"如果我必须待在屋里，找不到任何乐趣，那么你也必须这样！"

顺便说一句，直到最近才有人知道，凯伦的母亲是一个强奸案的幸存者。这个悲惨的事件发生在她十几岁的时候，最后她放弃了她的孩子，让别人领养了。她的母亲一直没有对任何人说过这些令人痛苦的经历，试图将其抛诸脑后，试图消灭她所遭受的情感痛苦，但在某种程度上她显然还是会感到痛苦——这就是压抑感情的负面作用。我们可以想象，这种未解决的创伤对凯伦母亲多愁善感的情绪起到了怎样的作用。

凯伦应对母亲反复无常的行为的策略是努力做一个最听话的小孩——永远微笑、顺从、独立。从根本上说，她学会了忽略自己的情感需求，并将任何可能让母亲不舒服、蔑视或生气的感觉隐藏起来。虽然凯伦经常因为努力取悦母亲而得到奖励，但她也会因为不够努力而被训斥，因此她总觉得自己可以做得更好。在这一切的背后，她是痛苦的，渴望被关心、被安慰、被无条件地拥抱。

这种"微笑并坚持到底"的方式在当时是很有意义的。对处理这种不可预测的情况而言,这种方式非常有效,这可以帮助凯伦更好地度过那段早年在家中的时光。随着时间的推移,这种取悦他人而忽视自己感受的模式成了她的标准反应方式,因此,她与自己的情感体验以及她最亲近的人,包括她的丈夫,都没有那么亲密了。在小的时候,那些帮助她与母亲保持密切联结的东西,现在变成了一种负担。当我帮助凯伦专注于自己的情感时,她终于发现了自己是如何回避感受的,以及她是如何变得善于拒绝的。事实上,她告诉我,她的丈夫曾经形容她就像一座情感上的"孤岛"。

一切都在你的脑海里

你可能会想,凯伦现在是个成年人了;她不需要再忧心于她母亲的情绪了。她可以自由地拥有任何感受,做她自己。这种思路是有一定道理的,凯伦是一个成年人,她应该自由地做她自己。问题是她的大脑还是在旧的程序上运行,并将一直以这种方式运行,直到她能够面对和处理她的感受、克服恐惧并体验新的、不同的东西,她才能重新找到真正的自己。

为了理解这一点,了解一下大脑是如何发展和工作的是很有帮助的。大脑本身是由几个不同的区域组成的,每个区域都有自己的特殊功能。例如,大脑的其中一个区域让我们看到有意义的东西,另一个区域评估我们是否处于危险之中,还有一个区域监督一些技能的表现等。在这些不同的大脑区域,有数以百万计的神经细胞,它们通过神经细胞之间的突触(即突触之间的小空间)发送信息来相互沟通。神经细胞之间形成的通路构成了大脑的"布线",这使大脑的不同区域能够和谐地沟通和工作。[3]

在出生时,人类大脑中的千亿个神经元中的大部分还没有连接成网络。大脑的生长其实是一个不断展开的过程，包括神经连接的布线和再布线。那么，你可能想知道，是什么决定了我们的大脑是如何连接的？过去，我们一直认为大脑的发育主要受遗传学的控制，但正如加利福尼亚大学洛杉矶分校的精神病学家丹尼尔·西格尔在他的《人际关系与大脑的奥秘》一书中所解释的那样，我们现在明白了，这与人生经历有很大的关系。[4]

更远的路

想象一下，你在森林里散步。当你穿过森林时，很有可能你宁愿走在一条久踩成径的道路，也不会试图开辟一条新路。不过，在某个时间点上，指引你前进的道路并不存在，只是一些坚定的精神铸就了那条小路，随着时间的推移，其他人也跟随他的脚步。现在，它成了最容易走的路，你也不假思索地让它成了首选。

这个场景以简化的形式说明了大脑中的神经通路是如何产生的。早期经验在神经细胞之间铺设了一条小路。同样的体验重复得越多，这条路径就越强、越清晰。最终，它深深地刻在我们大脑中，以至于它成为信号活动时的必经之路。我们的大脑需要刺激才能以最佳状态成长和成熟。特别是，它需要那种通过与他人互动和参与而产生的刺激。早期与父母或照顾者的关系经验对我们的大脑如何塑造和形成、如何布线起着重要作用。

就情感发展而言，我们必须了解这个过程。虽然大脑完全成熟需要二十多年的时间，但生命的前两年，大脑会以惊人的速度发展，这是非常关键的时期。在这段时间里，塑造我们大脑的经验主要是基于与生命中的重要他人互动所产生的情感。[5]

接着，再回忆一下你婴儿时期的个人经历。作为婴儿，我们还不能说话:我们不能用任何言语传达我们的需求和愿望。一切都通过脸、眼睛、身体这种"肢体语言"来交流沟通;通过触摸、声音、声调和节奏来传递信息。一切都是通过感觉而不是语言来沟通的,我们通过表达我们的感受让周围的人知道我们内心的想法。我们生来就有感受和表达一些基本情感的能力。很快地,我们的情感能力就会得到增强。在生命的前六个月里,我们能够体验快乐、悲伤、厌恶和愤怒;8 个月时,可以体验恐惧感。每长一岁,我们的情感能力都在加强,变得更加复杂。在两三岁的时候,我们还会感到骄傲、尴尬、羞耻和内疚。[6]

　　早期,我们与父母的情感交流对大脑的运作有非常重要的作用,能够影响我们感受情感的方式。如果照顾者对我们的情绪表达做出积极的回应——也就是说,以一种协调的、可接受的、鼓励的方式——那么,我们就会把我们的感觉与积极的存在感联系起来。比如,之前提到的那个小男孩,他生气地对他父亲说:"我恨你!"如果,父亲的反应并不是逃避并拒绝交流,而是能够保持交流,积极回应,隐而不发,敞开心扉,并关心孩子生气的原因,帮助孩子找到另一种表达方式,孩子的体验将是积极而富有成效的。孩子将学会管理和处理自己的愤怒,更容易以一种适宜的方式表达自己,并在他的感觉与积极的结果之间建立联系。

　　相反,如果我们的情绪以一种使我们感到焦虑或害怕的方式做出反应,它们就会在我们的记忆中与危险感联系在一起。例如,当孩子生气地说"我恨你"时,许多父母会感到抵触和不安。于是,他们可能会变得烦躁、愤怒或沮丧,并以轻蔑或沮丧回应孩子。此外,他们可能会惩罚或羞辱孩子,再者,就像这里的例子一样,通过逃避让孩子感到内疚。

　　无论是好是坏,在童年时期,一种特定的互动重复得越多,这些联系和相关的神经通路就会越强。最终,根据我们的体会,要么是自信要么是恐惧，会成为对我们所有感觉的一种自动反应，烙印在我们的大脑回路中。这些情感的学习对我们如何体验自身、他人和世界有重大的影响。

这种布线的效果是强大而持久的。

凯伦的大脑

虽然凯伦童年的记忆让我们很好地理解了她为什么害怕自己的感觉，但她恐惧的根源可能比她记忆中的还要早。

我们可以想象一下凯伦婴儿时期的生活会是什么样子。根据我们对凯伦母亲的了解，可以合理推测，在她女儿出生的那段时间她很抑郁，生育和照顾小宝宝的压力将她逼到了极限。此外，凯伦的母亲也把她自己的情感局限带到了这段经历中。就像所有婴儿一样，当凯伦哭闹时，她的母亲可能会感到不知所措；她可能会有不适的反应或想要逃避。也许，这位母亲对自己的女儿感到沮丧或生气，她甚至感到羞愧。

从婴儿的角度来看，这些回应相当可怕。这些回应带着谴责、拒绝的威胁，甚至是被抛弃（这对婴儿来说就相当于死亡）。对早期依恋关系的研究表明，我们对安全感和亲密感的需求是基于生物学基础上的需要，比其他所有需求都重要——其对我们的生存至关重要。[7]

自然而然，凯伦认识到，拥有某些情感是很危险的。"如果我难过，妈妈就会离开我。""如果我感到不安，妈妈会生气。"她该如何应付这样一个困难的局面呢？意识到这些负面反应，凯伦会竭尽所能地做任何需要做的事情来生存下去，她相应地调整了她的行为——与她的母亲保持沟通、陪伴，减少冲突，避免挨骂。

简而言之，为了生存，她不允许自己有某些感情。

那凯伦为什么会担心我会因为她有情感而觉得她是个坏人呢？我

并没有评判凯伦,也没有轻视她。事实上,我对她充满了同情,我相信这一点已经很明显了。然而凯伦仍然害怕自己做错了什么,仍然担心我会认为她是个坏人。

不过,鉴于她的经历,这很容易理解。这种恐惧是她早期体验的直接结果,在这些经验中,拥有和表达自己的感觉是一件可怕的事情。虽然现在环境变了,但在内心深处,凯伦依然害怕以前的表达感受之后带来的结果。因为她的"系统"是这样设定的,每当她感觉到某些情感时,大脑仍然会发出一个信号:危险正在逼近。因此,不管这些感觉有没有正当理由,总是会让凯伦感到焦虑和恐惧。

这正是惧怕面对感情的真实写照。"针对情感的恐惧是一种基于过去的恐惧,而不是现在的恐惧。"即使恐惧本身是对现在某些事情的真实体验,我们的反应却和过去的事情有关。虽然我们现在的反应看起来是事出有因,而在大多数情况下,并没有理由。

虽然凯伦承认恐惧来自当下,但她没有意识到情感恐惧症的历史根源,这也是我们大多数人的现状。为了做出根本的改变,我们首先要搞清楚我们现在面临的问题的完整画面,也就是长期以来我们的情感运行模式。这是非常有用的一步,我们会逐渐意识到自身和情感的关系。

家庭内部的情况是怎样的?

让我们花点时间来了解一下你成长的情感环境。这也是我和凯伦最先做的事情之一,仔细思考以下问题:

你的家人是如何处理情感问题的?

• 他们会表达出来吗?

- 在情感方面,他们是比较冷漠还是比较隐秘?

- 会不会觉得某些情感很正常,而其他情感就有问题?

- 高兴可以,但生气或悲伤就不行,或者有没有反过来的情况?

- 家人是否会直接表达愤怒? 如果没有,他们是否倾向于隐藏自己的愤怒,直到达到一定的程度,然后再直接爆发或立刻就变得愤怒?

- 他们是否会直接表示和表达与爱有关的情绪?

- 他们是否隐藏了自己的悲伤?

- 是否允许部分人表达情感,而其他人就不行?

你的家人如何回应你的感受?

- 在大多数情况下,他们是否都以积极的方式留意并回应你的感受?

- 当你表达自己的感受时,他们是否会感到不舒服或焦虑?

- 对你的某些感受他们会给特殊照顾,而其他感受却没有?

- 他们是否保持沉默,不回应你的感受?

- 他们是否转移了注意力或直接走开?

- 当你表达感受时,他们是否会恼怒、沮丧,甚至有时会生气? 他们是否把你的感受当作个人问题?

- 他们是否用某种方式来羞辱你或训斥你?

- 他们是否告诉你不要去理会感受,因为这些感受是没有意义的? 他们是否会因为你表达感受而生气或惩罚你?

- 他们的反应是可预测的还是不稳定的?

- 总而言之,你是否能随意表达自己的感受?

你的家人对情感的态度以及他们的反应方式也是整个社会环境的基调。我发现,弥漫在所有家庭中的情感氛围往往可以分为四类。

1. **温暖型**。这类家庭的情感氛围非常和谐。家人很开放,经常交流,一般来说,可以自由体验和表达感情。

2. **冷漠型**。在这类家庭中,人们往往在感情上没什么反应,甚至逃避。气氛苦涩而拘谨,不允许有自己的情感。

3. **激烈型**。家庭气氛往往很不好,对待情感是消极的——批评、羞辱,甚至惩罚。情感之路充满险恶和不安。

4. **混合型**。这种类型的家庭气氛往往波动起伏——时而阳光明媚温暖,时而冷若冰霜,有时甚至是暴风骤雨——而且通常难以预测。

因为凯伦母亲的性格,凯伦成长过程中的情感氛围或多或少会倾向于"激烈型"家庭。当凯伦不以微笑掩饰时,她对感情的反应大体上是消极的。

想想你的切身体会,并思考以下问题。

- 你的家庭情感氛围是哪种类型的? 家人们在情感上是开放且有回应的(温暖型)还是拘谨和疏远的(冷漠型)? 他们是消极的、爱挑剔的(激烈型)还是包含了前面提到的所有情况,也就是不可预知的(混合型)?

- 你的家庭情感氛围发生了变化,还是依然如故?

- 你认为你现在对待情感的方式和自己成长过程中使用的方式是一样的吗?

- 现在,你的家庭情感氛围是什么样的?

大脑的塑造不仅会受我们和照顾者之间产生的情感互动的影响,

还会受到早期社会环境情感氛围的影响。在孩童时期,我们会调整自己的行为,以适应家庭文化的主流规范。重复多次以后,所产生的行为模式和神经回路,会随着时间的推移,在大脑中得到加强。虽然我们所处的社会环境会随着成长和我们创造的生活而改变,但大脑中的路线图会一直存在,并继续影响我们的体验,除非人为地改变它。在了解了成长时期的情感背景后,你会发现能够更容易识别出那些限制情感体验的信念,并开始挑战它们。

关于责备

当你开始真正审视原生家庭的情感氛围时,感到矛盾是很正常的。我的来访者经常这样说:"我不想责怪父母。他们已经尽力了。现在,审视原生家庭的影响对我有什么好处呢?"我解释说,我们并不是要去责备别人,而是去感受、了解并总结那些经验,因为其不可避免地塑造了你,并且现在仍然在影响你生活和表达爱的方式,这都是我们应该知道的。你可以控制自己,并做出更真实的选择——而不受限于过去不健康的"约束",那些年轻时不能理解也没有经过你同意的"约束"。

当人们开始总结成长的影响时,往往会感到悲伤、愤怒、沮丧或痛苦。如果你也有这些感受,那很正常。但这些新出现的感觉也可能是感到矛盾的另一个原因。出现这些情绪或者开始承认这些情绪,可能就违背了那些使你质疑和否认自己的感受及使你的情绪受到限制的家庭禁忌。所以,感觉到矛盾其实是个好兆头。换句话说,你开始挑战现状了,并扭转局面,换个方法做事,开始从情感的潜规则中挣脱出来(我们接下来会讨论这个问题)。

简而言之,尊重你的全部感受并不是要责备你的照顾者,而是要承认和尊重自己的真实情况。拥有这些感觉是下决心做出改变和走向自由的重要一步。

一些潜规则

无论我们在哪种情感氛围中长大,我们得到的关于情感的信息既可能是清楚明晰的,也可能是含蓄隐晦的。但是,无论它们如何传达,这些信息都非常有用,虽然可能会造成伤害。然而,我们听得越多,经历得越多,它们就越容易成为指导我们情感体验的潜规则。接下来仔细思考表1.1里的这些信息及其含义:

表1.1 形成情感体验潜规则的信息及解释

信 息	解 释
你流泪的时候,别人都叫你"爱哭鬼"	悲伤是不对的,并会被人指责
你过度自信或者愤怒时,无人理会	愤怒是不对的,没人会理你
当你自我感觉很棒时,别人却说:"别高兴得太早了"	自我满足感或其他正面情感都是有害的
当你想要哭的时候,你的父母却转身离开了	悲伤是不对的,没人会理你
被告知"愤怒是浪费时间"	愤怒是无用的
当你感到害怕时,别人都叫你"软骨头"或是"娘娘腔"	恐惧是不对的,并会被人指责

这些经历听起来熟悉吗？你感受过哪些关于情感的直接信息或间接信息？花点时间想想你感受到的关于情感的信息，并把它们和相关的解释一起列在一张纸上或日记本上。

阅读列举的清单时，问问自己这些问题：哪些信息我并没有放在心上，哪些信息我不知不觉地记在了心里？哪些已经成了指导我实践的不成文的潜规则？看着这些规则，你想继续按照这些规则来生活吗？

我的家庭

现在，我想聊聊我的家庭情况，以及我儿童时期感受到的一些信息。虽然我的父母有时会公开表达自己的情感，也很热情，但他们内心都经历了相当多的冲突和焦虑。我的母亲，曾经是一个优秀的天主教学校的女学生，她尽责地学会了用微笑和幽默感来面对这个世界，在这样的外表之下勉强掩盖了其背后的紧张和担忧。我的父亲曾是一名美国海军陆战队队长，他身上依然有军人气质，因此对孩子的抚养采取了一种军事化的方法。

我记得在一个周六的早晨，我当时不超过四岁。那天，我母亲睡过头了，我父亲已经为我和妹妹准备好了早餐。我们坐在厨房的餐桌前：父亲在看报纸，妹妹在乖乖地吃早餐，而我则沮丧地盯着我的法式吐司，父亲刚将它沾满了枫糖浆，我感觉那沾满枫糖浆的吐司在我的胃里翻来覆去，这太难吃了。"为什么他不让我自己放糖浆？"我很想知道，但是我越是大惊小怪，父亲就越恼火。看着桌子的那一方，我感到他的怒火在上升。当我小心翼翼地看向他时，我感受到了他脸上的怒火，于是哭了起来。我越哭，他就越生气，他终于忍不住了，大喊道："别哭了，像个男人一样！"

像个男人一样？我当时只有四岁啊！

　　我家的情感氛围通常是混合型的,但这次无疑变成了激烈型的。这次所传递的信息很清楚:恐惧是不好的,是可耻的。我也在学习一些教训,这些教训会随着时间的推移而被重复和强化:我必须否认我的需求;我不能听从自己的意见或尊重自己的感觉;顺从我自己的欲望行事是错误的,并且一定会导致厌恶、危险和灭亡。难怪我后来会对自己的感情如此矛盾。

升级布线

　　现在有一个好消息:虽然我们已经被早期的经历定型了,但我们不能继续成为过去的囚犯。即使我们大脑的布线会以固定的方式做出反应,但它仍然可以改变和成长。[8]确实如此——事实上,我们可以改变大脑神经连接的方式。虽然我们不能完全删除过去的程序,但我们可以创建新的途径,覆盖旧有的存在。[9]换句话说,我们可以"升级布线",使恐惧不再与感觉纤维纠缠在一起。

　　要怎样才能做到这一点呢? 正如经验在构建我们大脑的早期布线中起到的作用一样,它在某种程度上具有创建新的神经回路的能力。关键在于我们的情感会有新的体验,在这种体验中,我们与感觉同在,甚至最终可以自如地在恐惧中体验这些感觉。

　　正如其他恐惧症一样,我们越回避我们害怕的东西,我们面对和克服这些恐惧的机会就越少。至于情感恐惧症,如果我们一直回避情感,我们将永远不会知道直面情感会带来什么好处,我们将永远不会明白情感真的不是我们需要害怕的东西。我们只会一直沿着那些老旧的、一无所获的路途前行。我们要想改变,就需要努力朝不同的方向前进。我们需要找到一种方法来面对和减少恐惧,并开始以一种全新的、积极的方式来体验情感。

随着时间的推移，我们越多地走在新的方向上，我们就会有越多的机会来体验和管理我们的情感，我们的恐惧就会越少，很快我们就能和自己的情感和谐共处并分享它们，也不会为此感到焦虑。而当我们这样做的时候，实际上是在给我们的大脑重新布线！我们正在打破恐惧和我们的情绪之间的旧联结，并铺设新的路径，这条新的路径可以让我们拥有和表达感情带来的正面体验。就像罗伯特·弗罗斯特曾经写的那样，"黄色的树林里分出两条路，可惜我不能同时去涉足……而我选择了人迹更少的路，因此走出了这迥异的旅途。"[10]

我完全知道，尝试新的东西，走一条未知的路是很难的，也会为这件事感到焦虑。当我终于开始为自己的感受留出空间时，我几乎被恐惧冻结，就像前照灯面前的小鹿一样惊慌。我不知道会发生什么，这让我很害怕。但有一个办法，可以让你面对恐惧时不那么害怕。那就是，找到一种可以有效降低焦虑的方法，尝试一下，试着表达自己的感受。你不必一下子就全情投入，可以每次尝试一点点。

岩石不会感到疼痛，岛屿也不会哭泣

一旦我和凯伦完全了解了她一直在运用的情感潜规则，以及她回避情感的方式，我们帮助她治疗情感恐惧症的工作就开始了。随着凯伦焦虑的减少，她逐渐有力量去面对和感受——一直以来埋藏在自己内心深处的未解决的悲伤和愤怒，终于可以开始治疗了。很快，凯伦的痛苦开始转化为对自我的重新认识。她开始对内心深处经历了这一切的小女孩产生同情，她的成人思维也觉醒了。

经过一次有效的治疗，凯伦下定决心和丈夫谈谈她在我们这次治疗中的发现，分享她的一些感受。在这次谈话中，她努力保持镇静，不久，凯伦就感到悲伤和痛苦在内心涌动。不过这一次，她没有像过去那样与它们对抗并保持距离，而是感受自己的情绪。她敞开心扉，和丈夫一起哭了起来，虽然还不能完全表达出自己的所有遭遇，但很明显，一些深层的东西已经被激起。

奇妙的事发生了，丈夫起身靠近她，抱着她并且安慰她；丈夫说，想陪在她身边，了解她，想与她亲近亲近。丈夫说："我倒宁愿像现在这样，也不愿她像以前那样，犹如一座孤岛。"

本章重点

- 在早期的体验中，我们从照顾者身上学到了哪些感觉是能接受的，哪些不能，并相应地调整我们的情绪反应。
- 我们的大脑是由我们与照顾者的交流和互动形成的。
- 与他人分享感受所带来的正面体验越多，我们处理这些感受的能力就越强。
- 我们经历的早期情感教训会烙印在我们的大脑线路中，并在很大程度上影响我们感受自己、他人和世界的方式。
- 我们的大脑也会受早期社会环境的情感氛围带来的影响，我们会调整自己的行为以适应家庭文化的主流规范。
- 揭示始终指导情感体验的那些潜规则，你就能更好地挑战和挣脱它们。
- 我们的大脑具有可塑性，并能够成长和改变。实际上，通过新的体验，我们可以改变大脑的布线方式。
- 让自己以积极和健康的方式去感受会重塑你的大脑，这样，你在体验情感的时候会没那么害怕。

第二部分

采取行动

第三章

第一步（1）：觉察自己的情绪

不要忘了,小情绪才是我们生活的主宰。而我们也在不知不觉中服从了它们。

——文森特·凡·高

马克低头看了看钢琴键，研究了一会儿。他能感觉到自己的心跳得很厉害，额头上的汗水也越来越多。他在钢琴凳上稳住了身子，深吸一口气。

这是他在当地大学的音乐治疗专业的试演情景，这所学校也是他唯一申请的学校。这本应是一个充满希望的时刻，然而他似乎感到很遗憾，也可能是尴尬？应该是尴尬吧，因为他预料到自己即将出丑。但真正的感觉是怎样的，他并不清楚。他沮丧地想，"我为什么不多练习练习呢？"

真是一个好问题。在试演前的几个星期里，他似乎在忙着做别的事情——忙忙碌碌的，一会儿玩电子游戏一会儿打电话聊天，消磨了一两个小时。偶尔，他会坐在钢琴前练习一会儿，但碰到那些很难的曲目时，他很快就会放弃。他觉得必须记住一段古典音乐是一件非常荒谬的事，对此他感到不屑一顾。

他并不是不在意试演这件事。在意识之外，他能感觉到时间在流逝，如果他有意识地认识到时间不多了，他就会感到紧张。或者说是兴奋？他也不清楚。

关于这件事，其他人也说不清楚。事实上，他表现得有点并不在乎。每当有人问起他的进展时，他要么变得紧张，转移话题，要么就说"一切都还好"。

如果他能让自己静下来，花一些时间好好感受一下，可能会更清楚地知道自己真正想做的事情。他从小就热爱音乐，尤其是当家人聚在一起围着钢琴唱歌时。他很小的时候就开始学习钢琴，很快就能带领着家人一起唱歌，他还会在学校音乐会和教堂里演奏。由于他的音乐才能和对他人的同情心，他非常适合音乐治疗这个专业。真的是这样吗？他不确定。有时候是，有时候又不是。

也许这就是他没能准时去试演的原因。"我在做什么？"马克心想。他坐直了身子，调整了一下姿势，又深吸了一口气。他看了看评委，她们似乎越来越不耐烦了。"不知道她能不能看到我的手在颤抖?"他一边想，一边抬起手准备开始演奏……

"管他呢。"马克自言自语着离开了房间，匆匆穿过大厅。"我不希望事情变得更糟了。"他拿起外套向停车场冲去，似乎没有注意到自己的眼泪在眼眶里打转。

无知并不一定是好事

马克怎么了？他怎么可能不知道自己真正想要什么？他为什么没有为试演做准备？是什么让他这么矛盾？

马克的问题不在于没有感情。相反，他只要稍微留心一下，就会理解他内心的复杂。如果他能花些时间来了解自己的需要、好好照顾一下自己的感受，可能就不会这么困惑了。并且，在内心深处有足够多的力量可以激励他，有足够多的信息可以提供有用的指导。

比如，他可能会发现，有机会参加试演其实让他非常兴奋。但是，每当他对想做的事情感到兴奋时，他又会感到焦虑，然后就会分散注意力。如果他能够分离出兴奋情绪，并学会忍受恐惧，也许踏步向前就不会这么可怕，也许他会感到自由，并追随自己的梦想，也许兴奋也是一件好事，可以激励他，或许最终能够完成什么大事。

但这是本末倒置。现在的主要问题是，马克甚至没有意识到他的情绪情感问题。他没有意识到，也没有注意到这些征兆。他从来没有花足够多的时间来留心这些情绪情感问题，更不会注意到在情感层面到底发生了什么。

乍一看，马克似乎是不了解自己感受的个例。但实际上，他的行为方式是很常见的。在生活中，我们很容易忽略情感迹象。我们每天或忙乱或闲暇,对我们内心发生的事情几乎一无所知。我们沉浸在自己的思想中,质疑自己,迷失在忧虑和矛盾的迷雾中,遗忘了自己内心的想法。我们总是沉迷于过去或憧憬着未来,甚至没有注意到当下的事情。当我们意识到自己可能会有一些感觉的时候,只要我们感觉到哪怕是最轻微的痛苦,我们就会逃避。

是时候做些改变了。如果我们真的想做出一些成就,做更好的自己,就需要睁开眼睛,唤醒我们内心的感受。我们需要踩下刹车,放慢速度,调整内在体验。简而言之,我们需要培养我所说的情绪正念。

情绪正念

情绪正念这一概念并不新奇。它已经存在几十年了,究其根源,就不得不提起东西方文化中都有的冥想。近年来,这一概念不仅活跃在行为医学领域,在公众领域也经常被提起。

我们被情绪正念所吸引可能与我们对生活质量的日益不满有很大的关系。当前的这种文化现状——多项任务、高科技干扰以及逐渐增加的生活需求,带来了很多负面影响,把我们压得喘不过气,这也是盲目生活所带来的后果,没有办法避免。大部分人都渴望找到一种方法,能让我们的生活重获生机。此外,大量的科学证据表明,情绪正念可以改善我们的身体状况和心理状况,还能影响社会福祉,这让情绪正念变得更加流行。[1]

究竟什么是情绪正念? 乔·卡巴金将情绪正念定义为:"以一种特殊的方式;带着目的,非判断性地去关注某些目前的事。"[2]他是将情绪正念带入现代医学主流的领导者,也是马萨诸塞大学医学中心"基于情绪正念的减压"项目的创始人,他提到的非判断性的情绪正念旨在将我们从理性分析和自我批评中解脱出来,这是一种我们经常会有的反应，我们在脑海中不断地思考和喋喋不休地自言自语，使我们和感觉体验变得更加疏远。带有目的的注意可以帮助我们认识到一件事——我们需要努力让自己不陷入习惯性的反应方式，要保持清晰和专注。情绪正念鼓励我们不要沉迷于过去和对未来的幻想，而是真正地让自己完全拥抱当下。包括对某人正在发生着的经历感到好奇，不去想它，只是注意和观察就好。从本质上讲，情绪正念是一种开放的心态，专注于我们此时此刻的体验。情绪正念的练习旨在提高我们的能力，使我们更能全身心地投入当下，以一种完全清醒和明白的方式。

情绪正念，顾名思义，就是将一种关于正念的基本原则应用到我们的情感体验中，简单地说，就是带着目的关注我们身体感受到的情感体验。例如，留心一下什么时候会出现一种特殊的感觉，这种感觉又是什么样子的。你何时何地感到压抑，能量在哪里停止，又在哪里流动。注意一下脸部发热、胸部胀痛、呼吸变化、手臂刺痛、双腿颤抖等感觉。注意对自己经历的反应——注意这一切事物，到底发生了什么。情绪正念的目的是帮助我们更有意识地认识我们的感受，最终更充分地与它们同在。

你是怎么做到的？首先，你要放慢脚步，向内观，仅仅观察自己的感受。本章后，我们将讨论具体的过程，包括核心情绪以及它们通常在我们身体中表现出来的方式。但就目前而言，第一步要明白——意识到自身的情绪，关键是要根植于自身的身体感受，而不是我们的思想。情绪正念听起来很简单，在某种程度上也确实是这样，它需要练习。然而，它不一定是一种繁重的感觉，或像家庭作业。你不需要每天留出大量的时间在它身上。它可以在任何时间、任何地点完成。你只需要停下来休息一下，审视一下自己。

情绪正念的第一个障碍与我所说的"腾出空间"有关——清理杂物，这样你就能看清发生了什么。当有太多的事情发生时，当两件、三件甚至五件事情同时发生时，我们不可能注意到内心究竟发生了什么。我们需要慢下来，腾出一点大脑空间，然后做一件事，只需要做这一件事：注意我们的身体。

你可能想知道我为什么总是强调身体这一概念。虽然情感来源于大脑，但体验到它们是通过身体。这就是为什么它们被称为"感觉"。通过能量、感觉和身体反应，我们知道了它们的存在，我们感受到了它们。有时，我们的情绪来得如此之快，如此强烈，以至于我们无法否认它们的存在。然而，在其他时候，它们的存在可能是模糊的。如果你有情感恐惧症，情绪可能很难被察觉到，因为它们往往隐藏在焦虑之中。但我们感到的不适实际上是一个有用的工具、一个标志，表明我们离情绪不远了。有意识地关注身体的感觉可以增强我们对感觉的意识，让我们获得新信息，让我们更接近自己的核心情感体验。

有时候确实会有例外

现在已经5点了，早已过了约定的时间，我在想马克究竟去了哪里。然后我听见了他的声音，从大厅传了过来。好吧，我听到的是他边走近候诊室边打电话的声音，离候诊室越近声音越大了。

"好，好的，不错。我得挂了，我还有事呢。"说着，他推开门，匆匆走进我的办公室。"对不起，我迟到了。我在来的路上遇到了堵车，然后把车开进停车场的时候接到了一个电话。也许我不该接的，但那是我哥哥打来的，我们打算聚聚。"他长叹一声，把外套和背包扔到沙发上，坐在我对面。

马克第一次来找我是在这次拜访的几周前，大约是在他的音乐治疗项目试演的一年后。他告诉我，他的生活一团糟，他希望我能帮他弄清楚自己想做什么，并找到方向。没过多久，我就发现马克与自己的情感生活脱节了，我发现他有情感恐惧症，然后我试着帮助他去更多地关注自己的感觉。

镇静下来后，他开始谈论他的哥哥，他说他们俩完全不同——"他哥哥爱开玩笑、好胜、保守。"

"你觉得和他在一起的感觉怎么样？"我问。

他交叉着双腿，脚开始紧张地乱动。"嗯，我想还行吧，"他耸耸肩回答说。"我是说，我们只是打算去喝杯咖啡。"他的身体似乎传达着什么不同的信息，因为他开始紧张起来了，把目光移开。

"这么说你感觉还好？"我问道，因为他的说法没有说服力。

他回头看了看我说："是的，大部分时候是这样的。"

"嗯，你看起来不太好。你的脚怎么了？"我问道，希望能帮助马克注意到他的感受。

他看了看自己的脚，注意到它在颤抖，于是他松开了交叉的双腿，把两只脚放在地板上。"哦，我有时就是这样。"他很不自在地说，然后又往窗外看了看。"我有很多事情要做。我感到压力很大。我一直在想，我真的该去运动一下了。这总是有好处的。但我又在想，我什么时候才能适应这种情况？我的意思是，我应该在上班前去运动一下，但是……"

我看得出来，马克陷入了自己的思绪中，忽略了一些有用的信息，所以我打断了他，试图让他把注意力集中到他的身体上。"嗯，也许这和压力有关，但当我问起你和你哥哥相处时的感觉时，你的脚开始颤抖。你注意到了吗？也许，在那一刻，它在暗示你什么。你为什么不花点时间在那上面呢。给自己一些空间，看看自己内心的变化。"

他坐了一会儿，似乎把注意力集中于自己的内心。我想知道他会感受到什么。过了一会儿，他叹了口气说："我想我并不是很想见他。"当他转向我的时候，我能看出他很痛苦。

向左还是向右，我该走哪条路？

通过留心自己的身体，通过留心自己的情感体验，马克的自我意识正在逐渐变强。很明显，他难以直面对哥哥的某些感觉，让他感到不舒服。谁知道我们会发现什么，但至少现在我们正朝着正确的方向前进——向着他的感觉，而不是远离它们。

和大部分人一样，马克所陷入的困境之一就是想太多。他很容易被忧虑和担忧所占据，并试图从每一个可能的角度来审视困境，在他的脑海中一遍又一遍地重复。这是一个很普遍的习惯。我们习惯专注于自己的想法，而不是花时间在我们的感觉上，这可能是一个相当大的挑战，会让我们的脑袋嗡嗡作响，并将我们的注意力转移到情感体验上。事实上，我们越是迷失在自己的思想中，我们和情感的距离就会越远。

我们再来聊一聊关于大脑的问题，但我需要先做一个小小的免责声明。

当人们谈论大脑的时候，往往会想要弄清楚左右脑分别负责管理什么。实际上，它们并没有那么严格的划分，而是有很多重叠的部分。对于许多功能，左右脑都有重要的贡献，并一起运作。

现在，在这样的条件下，我可以准确地说，左右脑确实有不同的优势。例如，左脑——负责"语言"——是一种逻辑、语言和线性处理的中心。它对我们的身体状态和反应不那么敏感，因此能够用理性和分析来理解我们的体验。右脑对感觉、声音和图像——情感上的非语言部分——特别敏感，因此，它能巧妙地读懂我们的情感体验。

这种神经设计所带来的结果是，当我们试图更充分地关注我们的情绪时，右脑就是我们的朋友，而左脑可能是一个制造麻烦的人。当我们把注意力集中在理性认知上时——这些理性认知由左脑负责——我们可能会陷入对事物的思考，而失去了与身体感觉的联系。视觉想象、身体反应（例如，我们的肌肉、胃、肠、心脏和肺的变化），这些都是我们情感体验的一部分。理性认知会让我们更难与自己的感觉建立联系。但这并不是说理性认知是一件坏事，但当我们想要关注自己的情感体验时，它可能是一种阻碍。如果我们想更多地感受自己的情感时，我们需要让左脑安静下来，给右脑一些空间。

当然，我们不能像拨动开关一样，随意将大脑的某一半打开或关闭。但我们可以选择把注意力放在哪里。我们可以把注意力从理性认知上转移开来，留一些内部空间来倾听、观察身体的变化。总之，我们此时的主要目标不是理性认知，而仅仅是关注。这种方法是情绪正念的核心。

自下而上与自上而下

另一个比较有用且可以培养情绪正念的方法，就是"自下而上"。[3]可以这样想象：理性认知发生在你的大脑层面（上面），而感觉发生在你的身体层面（底部）。对于大多数人来说，我们的信息加工模式一般是自上而下，先思考，然后弄清楚自己的感觉。你知道这会导致什么吗？这会让我们觉得脑子一片混乱，并和我们的内心失去联系。更加注重情感的方法是自下而上，从我们的情感体验层面，也就是身体上的感觉，一直到理性认知层面。简而言之：先感受，再思考。

试着这样做：放大你的情感体会，注意你身体的感觉，它有什么样的反应，它想做什么。检查一下自己的身体，弄明白自己的感觉。留心颈部、胸部、手臂、腿部和其他地方的感觉，然后倾听，看看它们想要传达什么。然后，为你的情感体验留出空间，看看它能带给你什么。稍后,再仔细体会一下:它对你来说是什么样子的,它来自哪里,它对你有什么影响。当你感受自己的体验时,释放出来,才会有更大的意义。

选择,选择,还是选择

　　我一直不喜欢自己选择的用来粉刷客厅的颜色。我想要金黄色的、温暖的感觉,我经过深思熟虑以后最终选择的东西,看起来是黄色——还是淡黄色。我以为我会习惯,但我一直看不惯。它就是不适合我,我不是不喜欢亮一些的颜色,但是当这种颜色出现在我家的墙面上时,我想我还是比较喜欢大地色系。我实在受不了住在一个像迪士尼乐园的地方了,所以,我决定重新粉刷,这只是一个时间问题。我去了一趟当地的油漆店,要找到完美的颜色。

　　这次我一定要把它做好!当我把车开进停车场时这样想。但我自信得太早了。当我穿过前门时,我看到了那两面巨大的色板墙。上面有很多种颜色,每一块的深浅都不同,但是颜色相似。现在,我想那些有创意的人会对大量的选择感到兴奋,但我并没有,这让我感到恐慌。"我到底该如何选择呢?"我一边倒在椅子上,一边茫然地想。

　　然而,幸运的是,我发现旁边的桌子上有一沓小册子。我拿起了第一本《室内设计灵感》,我打开看了看,发现了一些完美又可爱的油漆颜色,只有二十几种。现在,"这才是我想寻找的,"我感觉到一种平静感笼罩我的全身。

　　有时候,确实会发生这样的事情,面对太多的选择挑花了眼。

回到最基本的情绪

当我第一次让一些客户告诉我他们的感受时，他们会很困惑。这并不是说他们没有感觉，而是因为，尽管他们经常有这样的"感觉"，他们也不知道该用什么词来形容它。

其中一个问题是，选择困难症。他们认为有上百万种不同的选择，就像我在油漆店的感觉一样，他们不知道从何下手。但这是一个陷阱，实际上并没有那么多的选择。虽然看起来好像有很多种不同的感觉，就像那两面色板墙上的颜色一样，但其实都只是一些情绪的变化和混杂。

虽然一些理论家不主张将情绪列成一份清单，但是在一般情况下，我们的情绪实际上是由八个主要的感觉以及与它们相关的感觉混杂在一起组成的。它们分别是：

- 愤怒：恼怒、烦躁、挫败、气愤、憎恶、怨恨、暴怒
- 悲伤：失望、低落、沮丧、孤独、受伤、痛苦、悲痛、绝望
- 幸福：满足、满意、愉悦、享受、热情、兴奋、自豪、高兴、喜悦、欣喜、狂喜
- 爱：友好、关怀、喜爱、柔情、同情、渴望、激情
- 恐惧：关注、紧张、担心、战栗、焦虑、苦恼、恐怖、恐惧、惊恐、害怕
- 羞愧：尴尬、惭愧、自责、耻辱、后悔
- 惊奇：惊讶、诧异、敬畏、惊异、震惊
- 厌恶：反感、不屑、憎恶、讨厌、蔑视

这八种中的任何一种基本情绪都可以作为一系列感受的总称。当

你看到这份清单时,你可能已经注意到,每一组中的各种感觉都可以被看作逐渐失控的情绪带。也就是说,愤怒的感觉可能一开始只是烦躁或恼怒,但如果我们继续受到威胁或挫折,这种愤怒的情绪就会越来越严重。在这种情况下,核心虽然都是愤怒,但暴怒是比恼怒更强烈的一种愤怒。同样,在悲伤的情况下,如果我们遇到了一个小小的挫折,比如,没有赢得彩票,我们可能会感到失望(这取决于头奖是多少)。但更大的挫折,如亲人的死亡,会让我们感到悲痛甚至绝望。同样,在每一种情况下,我们都会在一定程度上感受到同样的感觉,但是在某种情况下会少一些,另一种情况下会多一些。

你可以利用这些基本的情绪帮助你弄清自己的感受。虽然你可能认为有多种选择是可取的,但过多的选择实际上会使选择的过程比实际需要的更加混乱,特别是当你的感觉很模糊时。当感觉变得强烈的时候,辨别出自己的情绪倒并不是那么困难。但当感觉比较柔和、复杂甚至比较隐晦的时候,比如它们与恐惧交织在一起时的情况一样,就很难说了。与肯定一种情绪相比,否定那种感觉就要容易得多。此外,基本的情绪其实涵盖了大部分的情绪,而且是你现在真正需要的东西。

事实上,为了便于讨论,我们可能更关注前六种。一般来说,大多数人在经历那些让人惊奇或厌恶的事情时都不会有太大的问题。这些感觉通常不会引起太大的焦虑,但这并不是说,为了克服情感恐惧症而学习的不同策略不能适用于每一种感觉,因为这是绝对适用的。而且是广泛适用的,恐惧可以与任何感觉联系在一起,但以下六种感觉似乎最容易给人带来问题:

| 愤怒 | 悲伤 | 幸福 |
| 爱 | 恐惧 | 羞愧 |

虽然这看起来像一个有限的范围,但我有信心,你有一天会明白这些基本情绪覆盖了一个多大的范围。

内疚和羞愧不是一回事吗

虽然内疚和羞愧属于同一类基本情绪,但它们本质上是有区别的。一般来说,羞愧更多的是关于自己的感觉,而不是关于自己所做事情的感觉。然而,内疚更多的是与后者有关。我们对自己感到羞愧,但对自己做了一些可能不该做的事感到内疚。这就是"我是个坏人"(羞愧)和"我做了坏事"(内疚)之间的区别。正是这个原因,我给二者做了一个区分,但把它们归为一类。我不希望这种区别被忽视或模糊。

你可能想知道为什么恐惧会出现在这份清单上。恐惧不正是我们要克服的东西吗？是的,但那只是有必要的时候。但有时恐惧是一种适应性反应。例如,当我们处于真正的危险中时,我们应该感到害怕;恐惧感会促使我们做需要做的事情来保证安全。然而,在患情感恐惧症的情况下,我们也会害怕感觉到恐惧。我们可能会认为这是一种软弱、懦弱、愚蠢的情绪,或认为这是没有男子气概的表现,所以我们与它斗争,压制它,并试图让它消失。这种反应并不能让我们学会处理和利用恐惧的优势。

它们到底是什么呢

当你回忆基本情绪是什么的时候会感到困难吗？这有一个简单的方法可以帮你记住它们。把它们叫作愤怒、悲伤、高兴、爱、害怕、羞愧或内疚。事实上,只要你清楚自己面对的是什么,你想怎么叫都可以。记住,这些名字只是一些不同类别的感情的简称。

让我们尝试一些不同的方法吧

马克告诉我,小时候,他很崇拜哥哥,总是想引起他的注意。哥哥比马克大五岁,沉浸于自己的生活中——运动、交友、约会——几乎没有注意到他。随着年龄的增长,哥哥似乎努力尝试和他拉近距离,并时不时地聚一下。正如马克所说,他们的相处让他很尴尬、很紧张。

马克说话的时候,我可以看到他眼中的悲伤;我同情地对他说:"你看起来很悲伤。"

"嗯,我想是的。也许是吧。我也不知道。"他不自在地回答道。他在椅子上摇摇晃晃,不想再继续这个话题了。

"马克,你的眼睛里有泪水。怎么了?你在想什么?"我问道,希望他能听一听自己内心的想法。

他的注意力又回到了思想上。"我觉得我哥就是不懂我。无论我做什么,他都看不上。每次我们在一起,都会惹得我不高兴,要一两天才能摆脱这种情绪。我为什么还要让它继续困扰我?他就是这样的人,他不会改变。为什么我就不能接受我们的不同,然后继续前进呢?"

我看得出,这种问法对他没有任何帮助。他的左脑(理性)占据了高位,以至于他几乎听不到右脑(情绪)发生了什么。我对他说:"我猜想,当你内心有些情感需要得到一些关注时,这很难继续前进。"这句话让马克迟疑了。"所以,如果你不介意的话,让我们尝试一些不同的东西。"

他点了点头,我认为这是我得到的最好的答案。

"与其质疑自己，不如试着把你的想法暂时放在一边，看看能不能注意到内心发生的事情以及身体上的体验。"

他安静地坐了一会儿。眼睛向下看了看，头微微向前垂。沉默了一会儿。然后他抬头看了看我，说："嗯……我的喉咙后面感觉有点不舒服，好像有点痛。"

"好吧。"他说得有点道理，我想。"你还注意到了什么？"

马克停顿了一下，思考了一会儿，然后说："我不知道，我觉得我的胸口有种疼痛的感觉。"

"如果你只是专注于这种感觉，会发生什么？"我问道。

"我不喜欢这种感觉。它让我很紧张。我不想这样下去了，如果我对自己诚实，对你诚实，我想我会比我意识到的更难过。"

了解你的感受

马克开始关注自己的身体，更加敏感于自己的感觉。他的情绪正念发挥得越来越好。当他从大脑的思绪中走出来，并为自己的内心腾出一些空间时，他开始注意到身体上的不适感（喉咙疼痛、胸口疼痛的感觉），并且，当他接近自己的感觉时，会感到焦虑。

我们每个人对情感的体验都有些不同。尽管我对悲伤的体验可能与你不同，但一些特殊的感觉和身体反应经常会伴随着某些情绪。例如，马克的喉咙后部的酸痛，这种感觉是相当常见的悲伤体验。我认为"我的喉咙里有个疙瘩"和"我都哽咽了"这两句话的灵感正是来源于这种感觉。无论你的情感体验是独特的还是和许多人相似，都没有对错之分。它就是这样的。

在我们讨论人们普遍经历的感觉之前，让我们先花点时间来了解一下你对自身感觉的认识以及身体上的反应。

觉察练习

找一个不被打扰的、安静的地方,一个你可以自由地倾听你内心的地方。用一个舒适放松的姿势,让自己与身体能量充分接触。一般来说,坐姿端正,背部有支撑,保持挺直,双脚紧贴地板是最好的。

针对这里列出的每一种感觉,回忆一下在生活中是什么时候产生这种情绪的。如果你很难回忆起某个事件或唤起某种情绪的记忆,试着用你的想象力去创造一个可能引起反应的情景。你可以想象一些事情发生在你身上,或者发生在别人身上,无论哪种情况都可以。我也会给你一些例子来帮助你上手,但不要被这些例子局限住。

尽可能详细地想象你选择的这些时刻。设身处地地想象,让你的感觉成长。当你沉浸在这种体验中时,密切关注你的身体反应——头、脸、脖子、肩膀、背部、胸部、手臂、腹部、腿部,所有的地方——并写下你感受到的身体感觉。

如果你很难与感觉联系起来,不要担心。这本书会帮助你! 只要好好地观察那些存在的东西,无论在你身上发生了什么。保持开放的心态,把所有的判断都放在一边。如果你什么都没有注意到,那也没关系。这个练习就是要了解你现在的感觉。

1. **愤怒**。试着回想一下,在你的生活中,当你感到被冤枉的时候,当你的权利被侵犯的时候,或者当你或你爱的人受到不公正对待的时候。想象一下,你目睹了某种违规行为,或者在某种程度上被阻挠,无法达到目标。你注意到你的身体反应了吗? 你意识到了什么身体感觉吗?

2. **悲伤**。回忆一下你所经历过的某种挫折。也许是所爱之人的死亡,也许是一段关系的结束,或者是你身边的人在某方面让你失望。再想象一下,你爱的人正在遭受痛苦;你不得不放下心爱的宠物;不得不和亲密的朋友说再见。这时,你的身体会有什么反应?你注意到了什么吗?

3. **幸福感**。回忆一下生活中让你高兴的时刻,也许是赢得了一场比赛,也许是出色地完成了一个项目,或者度过了一个美妙的假期。想象一下和好朋友度过的美好时光,对需要帮助的人伸出援手,或者只是听到了孩子的笑声。你的身体有什么反应?你注意到了什么呢?

4. **爱**。记住和亲人度过的温柔时光,还有那些别人为你挺身而出的经历,或者那段你特别喜欢某个人的时光。想象一下,在你所爱的人面前,深情地看着他,给他一个温暖的怀抱,你的身体有什么样的感觉?

5. **恐惧**。回忆一下你生活中的某个时刻,当你处于某种危险之中,而你却无能为力。或者想象一下,当你一个人走在黑暗无人的街道上时,被人跟踪,或者在很高的楼顶上眺望,或者任何一种对你来说很可怕的情况。当你停留在那一刻,你注意到身体发生了什么吗?

6. **羞愧**。想一想你违背约定的时候,或者说过、做过一些给别人带来痛苦和悲伤的事情。想象一下,你做了一些会伤害或背叛亲人的事情,或者你做出了会违反严格的道德准则的行为。想一想你曾经的那些最尴尬的经历,或者想象自己被某人羞辱或嘲笑的情景。当你回忆或想象这些情景时,你会有什么生理上的感觉?

好了,现在你已经完成了,放轻松,将你的清单与下面描述的六种情绪的常见生理表现进行比较。

悲伤

- 眼皮越来越重
- 眼睛变得湿润或流泪
- 喉咙后面有疼痛感
- 胸部疼痛或感到沉重
- 塌腰驼背
- 精力不济,浑身感到沉重,行动迟缓,需要关注内在感受

愤怒

- 沉默不语
- 心跳加速
- 体温升高
- 脸热得发红
- 内心有一种压迫感,伴随着暴发的冲动(对那些让你愤怒的事情),想要发泄
- 感到自己的力量和强大

恐惧

- 冰冷的手
- 深呼吸或加快呼吸,或者屏住呼吸
- 流汗
- 手脚颤抖
- 胃部紧绷
- 全身颤抖的感觉

- 腿部血流量增加,同时伴随着想要后退的冲动,逃跑,或者是奔跑(这样就可以摆脱伤害了)

幸福

- 微笑
- 睁大眼睛
- 胸口的扩张感
- 全身放松,感到愉快
- 内心里有温暖的感觉
- 持续不断的活力
- 热情洋溢,乐于参与

爱

- 有种膨胀的感觉,似乎是心脏在膨胀
- 心里感觉暖暖的,好像自己融化了一样
- 起鸡皮疙瘩或有一种刺痛感
- 对他人很温柔
- 倾向于前进、拥抱和深爱
- 感到平静和满足

羞愧

- 想要转移视线
- 头可能会低下
- 想要撤退、逃跑或躲避
- 沉重感
- 没什么活力

● 内心有种恶心的感觉（尤其是羞耻感）

　　也许你已经体验过其中的一些感觉，甚至有很深的体会。你可能还注意到了这份清单上所没有的，对某种感觉的独特体验。很好！你已经开始意识到自己的个人情感体验了，并且开始练习情绪正念了。

　　请记住，情绪正念是一种技能，就像其他技能一样，可以学习和加强，它也需要练习。

　　你可以这样做：在任何时候，都可以停下来问自己，我感觉到了什么？然后再问问自己，就在这一刻，内心发生了什么。不是你认为应该发生的事情，不是你希望发生的事情，而是正在发生的事情。有意识地将自身注意力引导到你的情感体验上，当你的思维开始游离或你的思想开始占据你的身体时，提醒自己注意身体上的感觉，只要这样做就行了。看，然后观察。每一次你重复这种行为，每一次让自己的注意力再次集中到身体上时，都是在培养一个新的习惯。你正在训练自己的情绪正念，用于察觉和关注你的情感体验。

　　重要的是，要从一个开放、接纳和零判断的视角来接近情绪正念。在情感的世界里，没有对错之分。我们的任务是有意识地活在当下，并且专注。

✳

　　在马克练习情绪正念的过程中，他感受自己情感体验的能力越来越强。不用说，他内心的感受比他意识到的要更多。但是，在他努力向自己的情绪敞开的过程中，他也开始发现自己用了许多不同的方式来逃避情绪。而这也是我们下一章的重点：我们的防御。

本章重点

- 未被承认的感觉会对我们的体验和行为产生负面影响。

- 通过练习，你可以更有意识地感受自己的情绪。

- 感觉是身体层面的。

- 思维会让你和自己的感觉产生距离。

- 从情绪上调整身体的感觉能让你更接近感觉。

- 有八种基本的情绪，其他情绪都是以它们为基础的。

- 对自己的感觉不加任何判断地体验。

第四章

第一步（2）：觉察自己常用的防御机制

我们建成的用来挡住悲伤的墙，也会挡住我们的快乐。

——吉米·罗恩

当朱莉离开老板办公室时，她几乎控制不住自己。她匆匆穿过大厅来到自己隐蔽的小隔间，只希望自己走过时没有人注意到自己。她想一个人待着，静坐一会儿，好好整理心情，回顾一下刚刚发生了什么，她狠狠掐了自己一下，看看是不是在做梦。朱莉无力地瘫坐在办公椅上，明显地可以感觉到自己的心跳加速，心里七上八下的。她试着歇口气，放慢呼吸。

"呼吸朱莉，只是呼吸吧！"她自言自语。

令她惊讶的是，她的老板刚刚将她升到管理职位，对于一个在公司工作不到一年的人来说，这真是一次令人喜出望外的晋升。

"我一定是立了大功！"

有那么一小会儿，朱莉心里感到一丝自信，感觉实现了自我价值，也感到无比自豪。事实上，这的确是她梦寐以求的、一直暗自期许的工作。她坐在办公椅上，嘴角掠过一丝微笑，阳光透过窗户洋洋洒洒地照进来，洒落在她的脸上。

她拿起电话，迅速拨通了父母的号码。她得跟人分享这个好消息。

"爸爸？"她激动得声音发抖。

"怎么了？女儿，怎么了？"

"没什么，爸爸！实际上，是好事。我打电话是想告诉你们一些好消息。"

"什么？什么好消息？"

"我老板刚刚给我升职了！我要当部门经理了。"

"真的吗？"

"是的。"

"哇！太棒了！"

父亲沉默了一会儿，似乎消失在电话的另一端。朱莉开始感到有些不安。

"听起来好像需要肩负重任，"父亲说，"你能应付得了吗？"

"嗯……应该……可以吧……"

朱莉的意志开始有些消沉。她感到一种熟悉的力量向下拖拽着她，就像一个巨大的真空吸尘器。类似情况已经发生过很多次了，她时常会和父亲分享一些好消息，但都遭到了父亲的质疑和担忧。

在内心深处，她开始感到愤愤不平，但她继续说着，试图向父亲解释在新的职位的工作内容、自己能胜任这份工作的原因，以及为什么这次晋升是合理的。

"女儿，如果你认为这是件好事，我为你感到高兴。"在朱莉看来，父亲的热情似乎是装出来的。

"谢谢您，爸爸。"接着便陷入了更加尴尬的沉默之中，朱莉随便找了个借口挂断了电话。

不出所料，朱莉一边想一边挂了电话。"我到底期望着什么呢？他总是这样。"她告诉自己。但在内心深处，愤怒又开始燃起，但还没等到情绪失控，朱莉便站了起来，试图摆脱这样的情绪。"父亲是好意，"她自言自语道，"我知道他想我有最好的发展，只是他不太了解情况。"她发誓要把父亲的质疑抛在脑后，朝好的方向看，不让自己受影响。

当朱莉在内心搜寻几分钟前的一丝喜悦时，却再也找不到了。它去哪儿了？接下来的几天，每当朱莉暗自窃喜于晋升时，她也会感到焦虑。她担心如果自我感觉太过良好，不好的事情就会发生，迟早她会搞砸这一切。在兴奋过度的同时，她也会开始感到紧张不安，并被这次晋升冲昏头脑而感到内疚。当她一想到父亲的反应时，她就会感到恼怒、沮丧以及愤懑，但随后她就开始再次反思自己，怀疑自己是否真的能胜任这个新职位，怀疑自己是否真的适合这个职位。

怀疑、争论、忧虑。很难想象，这些会发生在一个刚刚晋升的人身上！

到底发生了什么？

朱莉没有意识到，自己已成了自己最大的敌人，而不是父亲。在这一点上，她也没有意识到，挣扎和痛苦都是自己造成的。在成长过程中，朱莉学会了预测父亲的负面反应，随着时间的推移，父亲消极的反应已经根植于她的心灵中，现在也已经变成生活的一部分，在某种程度上，甚至对自己的某些情绪也会做出像父亲一样消极的反应。更糟糕的是，即使朱莉可以感知到自己的情绪，她也不知道如何去控制、逃离和消除这些情绪，她并没有意识到自己妨碍了自己前进的道路。

最初，朱莉表现出兴奋、自豪和愤怒的情绪，似乎都是合情合理的，但是这些情绪让她感到焦虑，所以她不惜一切代价想要摆脱。她不敢兴奋，害怕这样做了，坏事就会接踵而至，她也会因为自豪而感到不安，担忧自己会显得傲慢而又自负。她害怕去感受和表达自己的愤怒，担心父亲会生气，担心会伤害父亲的感情，担心父亲会因此无能为力。

如果朱莉心理负担不那么重的话，那么她肯定能从阴影中走出来。如果朱莉真心为自己感到自豪，那么她也就不会疑神疑鬼了。如果朱莉兴奋的状态所持续的时间远不止那几秒，那么她肯定由衷地为自己感到高兴。如果她能让自己深切地感知自己的愤怒，那么她就能明晰且有力地告知父亲她的真实感受，然后无所畏惧大步迈向前。

然而，事实又如何呢？朱莉并没有意识到自己在做什么，当她开始生气时，仅仅只是谈起关于工作的事情，直到无话可说，又或者试图为父亲找借口——父亲是好意，只是不了解情况，但其实朱莉仍在气头上。当她感到兴奋时，她就让担忧一直在脑子里打转，当自豪感开始在内心滋生时，她突然清醒，反而担心自己的行为太过高调。

心底的防线

就像大多数人一样，当朱莉开始产生某种情绪时，便不知不觉地制订了一整套防御策略来保护自己免受痛苦，这些防御策略被称为防御机制。

在一些心理学派中，防御机制被认为是一种无意识的过程，用来避免不愉快的想法、感觉和欲望。就感到恐惧而言，任何用来让自己远离恐惧情绪和因此所产生的焦虑的想法、行为或反应都可以被当成一种防御机制，或者仅仅是一种对抗。在某种程度上，防御是一种应对策略，其动机是当我们感受到压力时，以及我们想要避免这种压力的愿望。简而言之，这是一种应对恐惧的方式。

防御从何而来？

第二章中，我们回顾了在婴儿时期，我们对看护者回应我们情感的方式有多么敏感。恐惧的消极反应与某些情绪同时出现时，我们时常会忽略这些情绪，也会为了避免引起进一步焦虑的情绪，来相应地调整我们的情绪状态。在这段时间里，我们竭尽全力发动防御反应来帮助我们脱离困境，保持与看护者的联系，并帮助我们在一个没有情感体验和情感表达的环境中感到安全。随着年龄的增长，这些防御变得更加精细巧妙，并发展成我们对消极情绪的"默认"反应。例如，我们通常在悲伤的时候选择无视它，分散自己的注意力，或使导致我们悲伤的情境最小化。同样地，我们可能会迅速转移注意力或转移到另一个话题来保护自己和他人免受消极情绪的伤害。

但要注意的是，我提到过，这些防御策略是我们在小时候所能做出的最好选择，但我们不再是小孩子，那时影响我们的因素可能不再对成年人起作用。事实上，许多防御手段很可能已经不再适用，情绪在发生变化，但我们本身没有，我们仍对自己的消极情绪做出防御反应，好似它们是我们需要惧怕的，但并非如此。我们的行为仍然表现得好像需要保护自己和他人一样，但我们不需要。我们与生俱来的感知能力正在被不适用的防御反应方式削弱，我们的情感成长也进入了死胡同。

难怪我们停滞不前。

话虽如此，我们也需要承认防御本身并没有坏处。事实上，它们大有裨益。当涉及情感时，我们需要做出一些防御，否则我们会在不合适的时间随意发泄情绪。防御机制可以帮助调节情绪，如此，我们在不适宜表现出该情绪的公开场合（例如，在工作场合、社交场合，或与某些权威人士同行时）才能更容易地控制自己。

然而，当逃避变成我们对情绪的标准反应模式时，我们便惹上了麻烦。当过分依赖于防御机制，从不学着如何直接、有意识地处理情绪时，我们就被剥夺了深入了解自己的机会。我们最终会重复着那些让我们远离内心真实的感受、真实的自我和生活中鲜活的人的不健康的行为模式。显然，这对幸福毫无裨益。事实上，正如心理学家桃乐茜曾经说过的那样，"越隐藏自己的感情，就越会疏远自己和他人，孤独感就会越强烈"。

更糟糕的是，我们越依赖防御机制帮我们渡过难关，它就会变得更加根深蒂固，最终会自动地发挥作用。我们对自己的情绪做出反射性的反应——就像膝跳反射一样,甚至自己都不知道。缺乏意识是个大问题,因为当我们还意识不到自己在做什么时,我们就被剥夺了任何选择权或控制权。我们只是一遍又一遍地漫无目的地做着同样的事情,仍傻傻地苦想为什么什么都没有改变,为什么我们停滞不前。最终我们会任其摆布,对其他事情也会力不从心。

鉴于朱莉的经历,她没有意识到她只是在表达自己的愤怒,也没有意识到自己仍处于愤怒的情绪之中,只是不断地想摆脱掉这种情绪。每当她快要发怒时,便马上怀疑自己的能力,最终迷失于过分担忧之中。她完全不知所措,如果她知道自己要做什么,就可以采取相应的措施去挽救,从而使自己走向更正确的方向。例如,她可以平复生气时伴随着的焦虑,学习如何控制和转化自己的愤怒,然后有理有据地回应她的父亲。相反,她没有意识到这些,只是陷入担心、怀疑和恐惧中,脑子里一直回响着为什么她不能长时间地感到兴奋,为什么她不能感到真正的自豪,为什么她不能在感到焦虑之前再快乐那么几秒钟。

底　线

为了让我们变得更好,我们需要意识到所有阻碍我们体验自己情绪的方式。我们需要意识到,当我们面对自己的情绪时,我们已经发展出各种用来保护自己不受恐惧和焦虑影响的策略,因此,我们还需要识别自身的防御机制。

为了做到这一点,坚忍的意志、强烈的好奇心和强大的动力都是必不可少的。我们必须愿意以一种诚实和开放的眼光审视自己,对我们一直在做的事情感到好奇,并有动力继续下去。如果我们以防御的态度对待自我发掘的机会,可以说,我们将故步自封,原地踏步。正如德宝法师在《佛教禅修直解》一书中指出的那样,"如果你抵制某件事的存在，你就无法全面地审视它"。

说到正念（一种自我调节方法），我们可以用它加强规范自己行为的意识，我们也需要增强我们对情绪和对其所做出的反应的意识。如果我们想采取一定的措施，加强练习有关情绪的正念疗法不仅能让我们更加敏锐地察觉自己的情绪，还能让我们清清楚楚地看到自己的逃避行为。

简而言之，察觉到自身的防御机制会让我们处于主导地位，恢复自控能力，增加我们的选择，并因此做出改变。在从情绪捆绑中释放自己和更深入地与他人取得联系的过程中，了解自己的防御机制是关键的步骤。

我们的主要目标是加强我们的意识，让我们意识到我们是如何逃离自己的真情实感的。我们先来了解一下防御系统是如何发挥作用的。

适当休憩

当人们开始意识到这些防御机制时，当开始察觉到自己一直在不知不觉中回避情绪时，人们有时会生自己的气。如果你开始有同样的感觉，其实你并不孤单，大多数人都经历着这样的烦恼。感到些许尴尬很常见（"我怎么到现在还没发现？""为什么不知道我在做什么？"），感到沮丧亦如此（"为什么我不能掌控并处理好事情？""为什么我会一直这样做？"），甚至感到羞愧（"我到底怎么了？"）。但现在是时候好好审视自己了，你需要客观地看待一切，提醒自己，防御机制在很久以前就已经开始发挥作用了，而那时你还只是个孩子。然而，这已经是一个未成年人所能做到的最好程度了，对自己期望过高是不公平的,所以给自己一些时间放松身心吧！任何可能出现的不良情绪的解药都只能带给心灵那么一丝慰藉与怜悯,把自己想象成一个孩子,充分利用成长过程中的情感氛围。要知道你已经尽力了,感恩此刻你总算了解自己了。现在你有一个选择,你是一个有更多选择的成年人,可以学着用新的方法为人处世,在前进的路上不断散发光芒。

本　质

几年前,精神分析领域的先驱亨利·埃斯瑞尔博士开发了一种方法来阐释隐藏的情绪、焦虑和防御模式之间的关系。此种有独创性的概念已经被其他理论家详细阐述过,不仅能帮助我们厘清对人类行为的理解,而且事实证明,它对治疗学家是无价的,他们努力帮助人们克服他们所经历的感情冲突。(无论是在职业生涯中还是个人生活中,这于我而言,都是获益良多的。)此外,我的许多来访者都对学习这个简单的判断方法非常感兴趣,因为这可以帮助他们更全面地理解自己的行为,识别自己的防御机制,确认自己的真实情绪。这便是我和你们分享这个方法的原因。

正如你在图4.1中所看到的,三角形的每个角代表了我们情感体验的三个不同组成部分。底部的角是我们的情绪(F),情绪位于三角形的底部是有道理的;这个位置表明它们是最根本的,源自我们的内心深处——“自下而上的”。右边的角是焦虑(A),这是我们对自己情绪的担心;左边的角是我们的防御机制(D)。它们都在三角形顶部的位置表明,在现实生活中,焦虑和防御机制是如何在表面上发生并隐匿于真实感受之下的。

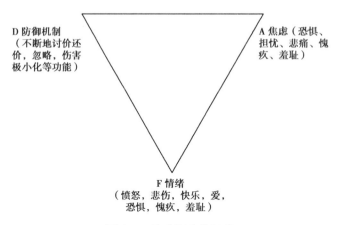

图 4.1 情感体验的组成

图 4.2 说明了当我们触发了一种有关情绪的可怕体验时，会发生什么。让我们一步一步地完成这个过程。生活中发生的一些事情会引起我们的情绪反应，一种核心情绪（F）开始浮现，如果这种情绪让我们感到矛盾，警告就会在内心响起——"危险，威尔•罗宾逊！"我们便开始感到焦虑（A），当我们的焦虑增加时，会促使我们去寻找掩护——也就是说，使用我们的防御机制（D）。

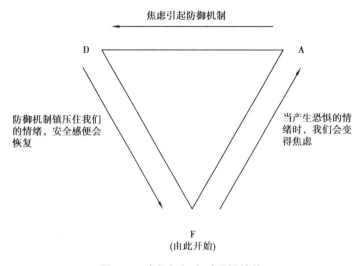

图 4.2 我们如何应对恐惧情绪

防御机制会第一时间冲向现场并发动反击,镇压住我们的负面情绪,这样恐惧就会消散,片刻,安全感也就恢复了——也就是说,当焦虑情绪再一次被诱发时,整个模式就会重复。也许不是用同样的防御策略,却是同样的模式。

对朱莉来说(见图4.3),当她与父亲分享好消息时,父亲不但没有祝贺她,反而为此感到怀疑和担忧。当他质疑朱莉是否能胜任新职位时,她自然而然地开始感到愤怒(F),但在某种程度上,她下意识地对自己的愤怒感到矛盾,从而变得焦虑(A)。为了控制焦虑,她不停地说话(D),从而有效地抑制了愤怒。接着,当回忆起父亲的反应时,愤怒(F)再次被猛烈激起,她感到十分不安(A),于是做出防御性回应并找借口搪塞父亲(D),然后愤怒再次被压制,最终平息下来。

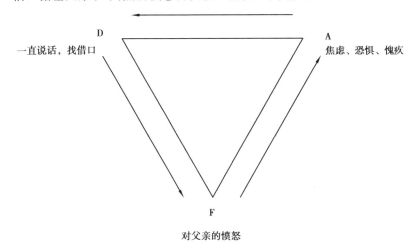

图4.3 朱莉对其愤怒情绪的反应

记住,整个过程通常是无意识的(换句话说,是在我们的意识之外的)。朱莉没有意识到自己一直在回避自己的情绪,一般来说,我们自己也不会意识到。这时,我们对自己的内心一无所知,实际上,负面情绪正悄悄激起内心的不安,防御机制也正在起作用,事实便是如此。但当倾听了自己的情感,并操练了正念疗法时,我们更能察觉到自己的不适，以及试图去逃避的所有防御方式。

现在你已经了解到防御机制是如何运作的，让我们来探究防御策略是如何避开不安情绪的。

每当我们要告别时

"好吧，我猜就是这样了。"快到停车场时，布伦达自言自语道。她和朋友艾米丽每周都一起绕湖散步，已经一起走了上百次了。但这一次不同，这可能是他们最后一次在一起散步了，因为艾米丽的丈夫刚接受一份常驻海外的工作，几天后她可能就随着一起去了。

在她们一起散步的途中，布伦达脑海中不断闪过和艾米丽共度的所有时光，有美好的亦有糟糕的，有兴奋的也有失落的。自从八年前艾米丽搬到这个城市以来，她就一直是自己最好的朋友，现在就要离开了，这显得格外不真实，令人难以接受。

在散步前几天，当布伦达一想到又要和艾米丽一起散步，自己就会感到焦虑，因为一想到要和自己最亲爱的朋友告别，就让她不愿意面对现实。她在头脑中将这个焦虑情绪撵走，她告诉自己，当这一天真的来临时自己肯定会泰然处之。此时，这一刻就在眼前，她却一点也没准备好。

她们有说有笑，回忆着一起度过的快乐时光，但对即将要分别的悲伤只字未提。好多回，布伦达都感到内心苦闷不堪，每次布伦达都会通过转移话题、转移注意力，或者欣赏湖边的豪华住宅（"我一直都喜欢那座！"）将悲伤的情绪抛在脑后。闲聊匆匆结束，剩下的便是尴尬的沉默，充斥着难以表达的感情。突然之间，要告别的现实再也无法回避。

"我真不敢相信下周末就再也见到你了，再也不能像以前那样一起散步了。"艾米丽说，这时她们刚好走到她的车前。

布伦达感到喉咙哽咽，情绪翻涌，但她试图淡化这些情绪。"嘿，分别后，我们可以一直用电子邮件保持联系。有空一定要常联系！"

艾米丽勉强笑了笑，不得不相信这一切都是如此真实。

"好了，我得走了。再不走，泪水就要止不住了。"她们拥抱在一起，布伦达觉得自己似乎要融化了，但她顶住内心的激流，鼓起勇气离开了。她仍觉得这一切似乎无法忍受。布伦达坐进车里，微笑着向艾米丽挥手致意，然后把目光移开了。她看到艾米丽满脸悲伤，于是便心有戚戚，情难自禁。她发动引擎，打开收音机，渐行渐远。"一切都会好的。"她心想着，擦去泪水。

慢慢了解自己

离别痛苦至极。当我们试图逃避自己的感情时，当我们不能敞开心扉分享这份痛苦时，当我们试图淡化这一时刻尽量减轻心中苦楚时，离别显得尤其苦涩。如果布伦达没有独自承受离别的痛苦，又会怎样呢？再者，如果她能和艾米丽倾诉她的悲伤，结果又会如何？我敢肯定，她们会感到更加亲近。共同的悲伤会进一步增进对彼此的爱，提升彼此的幸福感。虽然也很痛苦，但直击心灵最深处的情感不仅是一种解脱，而且可以让布伦达和艾米丽不必独自沉浸在悲伤中了。

你是不是觉得布伦达的行为似曾相识？也许以前你和朋友或家人有过类似的经历，也许你自己有时也有这样的反应。布伦达应对艰难时刻的这种方式是很常见的，离别时分，很多人都很难面对自己的真情实感。为什么？因为我们害怕表达痛苦的情绪之后，会让心态更加崩溃。（而事实正好相反。）所以，我们像布伦达一样，寻求一些方法来避免崩溃。我们尽量抑制情感，延缓情感的爆发，乃至希望这一刻永远不会到来，或者，当这一刻来临时，我们也无法停下来面对现实。虽然为此感到不安，但生活还得继续。

所有这些行为都是防御。

体察自己的防御性反应是非常有挑战性的，也是获益良多的。我们回应负面情绪的防御性反应形式像天上的星星一样多。事实上，只要是为了逃避自己的真实感受，任何想法、行为或反应都是一种防御策略。虽然形式多种多样，但一些防御策略的确比其他策略更为普遍，更为适用。熟悉常见的防御策略，可以帮助你更好地识别自身所发展出的防御机制。

通常来说，防御机制分为两类：人际防御和个人防御。

人际防御

人际防御是指我们为了不向他人表露自己的情感，避免情绪暴露和被看见而采取的措施。包括以下行为：

- 当情感开始浮现时，你会转移视线或将目光从对方身上移开
- 当产生其他情绪如愤怒或悲伤时，你却在微笑或大笑
- 转移话题
- 否定自己或情感表达后试图淡化
- 说话过快或说得太多，以至于对方无法搭话
- 完全不作声，一直保持沉默或退缩
- 回避细节，含糊或笼统地表达你的感受（例如，"我没事"或"我很好"）
- 忽视自己或他人的感受（"我看起来很沮丧？其实，我一点也不在乎！"）

此外，还有一些方法可以让我们在行为上隐藏情绪，防止它们被看见。尽管有时我们会有意识地让自己面对内心高涨的情绪，但这些生理反应往往是自动的和无意识的，就像许多其他防御措施一样。包括以下几种：

- 全身紧绷
- 身体某些部位收缩（如胸部、颈部、喉咙或下颚）
- 麻木（全身或特定部位）

人际防御在本章和其他章的故事中也有一定的体现。例如，当对艾米丽的不舍之情渐渐浮现时，布伦达就会转移话题，或者将视线慢慢从她身上移开。还有第二章中所提到的凯伦，还记得当她向我倾诉她婚姻中的痛苦时却一直微笑吗？在第三章中，当我问到马克和哥哥相处得如何时，他表现得相当紧张，眼神看向别处。第一章里，当《平安夜》的旋律响起时，亚历克斯悲痛至极，从妻子身边跑开，在车里紧握方向盘，身体紧绷，隐藏自己的情感。

所有这些行为都是防御策略。每个故事的主人公都利用它们隐藏自己的情绪，避免与他人分享，最终摒弃了因对彼此敞开心扉以及自身脆弱的心理而产生的亲密感。记住，我们的防御源自早期与看护者的人际关系之中，伴随着对负面情绪未知的恐惧，我们也时常担忧他人对我们的情绪做出的反应。这样一来，我们既害怕自己的感受，也害怕向他人敞开心扉之后，可能会有和孩童时期的看护者一样的反应——忽视、蔑视、退缩、焦虑、敌意等。因为真正的亲密关系需要情感上的坦诚和开放，这对我们反而变成了一种威胁。

你是否意识到这些防御行为是你压抑自己情感的一种方式？回过头来看看那个防御清单，看看是否有你熟悉的。你也可以试着做觉察练习，帮助自己更好地了解自己是如何对情绪做出防御反应的。

个人防御

人际防御帮助我们不让他人察觉到自己的真实感受，而个人防御则阻止我们自己感受内心的真实感受。这可能更复杂一些，也更难察觉，人际防御往往发生在情感浮现的那一刻，而个人防御可能是短暂的，也可能是持久的。事实上，在这些特殊的防御策略中，有一些可能成为我们长期压制情感的反应方式。

例如，是否还记得我之前是如何有条不紊地处理一桩又一桩事的？比如说，操持家务，专心工作，认真学习，在健身房挥汗如雨，再准时回家……这便是我自己的一种防御机制；忙碌的生活让我免于面对真实感受所带来的困扰，例如对自我价值的怀疑，人生前进的方向。我并不是一直保持这样消极的状态；忙于各种事务已经成为我的一种生活方式。现在我可以这样后见之明地向你说我的状态，但在那个时候，我并没有意识到，暗地里我有多焦虑，或者我的忙碌实际上是对恐惧的一种有效防御。

第二章中，我所阐述的对恐惧的一些常见反应实际上出于个人防御，包括：

- 考虑过多，陷于沉思当中无法采取行动（我的一个客户恰如其分地将其称为"分析瘫痪"）
- 过分追求控制感或过于自负（否则，你那强势的外表可能会瓦解，暴露自己的情感）
- 避免那些可能使你真情流露的情况（例如，不去拜访情绪低落的朋友，因害怕失望而不去申请一份新工作，避免见到激怒或惹恼自己的家人）

- 尽量淡化某种情况或经历带给你的紧张感，以减少对情绪的影响（"这真的没什么大不了的"，或者，就像我的一些朋友经常说的，"情况可能会更糟"）

- 在处理那些引起情感共鸣的情况时，采取冷静、疏远、理智的态度（例如，参加一个亲戚或熟人的葬礼时，你就只是谈论教堂的历史；所爱之人得了重病时，你却只关心疾病进程的科学解释；尝试用第二人称谈论自己的故事，而不是用"我"）

- 保持被动型攻击状态（即用被动的方式表达愤怒，如固执、迟到或"忘记"做某事）

我们通常还会采取一些其他方式来避免体会自己的真情实感，包括以下：

- 为自己（或他人）的行为找借口、开脱或将其"合理化"（例如，在没有得到应有的晋升后，就认为公司今年的业绩不如去年；为自己违背承诺或不公平地对待别人找理由，而不是对自己的所作所为感到内疚）

- 让自己忙碌起来或转移注意力（看电视、上网、打扫房间、购物等）

- 责备或攻击自己（"从申请那份工作开始就是一个错误，我真是个白痴！"）

- 即使医生给出身体健康的诊断，也会发展出对身体或健康相关问题的担忧（例如，紧张性头痛、消化问题、毫无理由地担心患上严重的疾病）

- 忽略或否认某些会让你产生负面情绪的问题、事情或情况（例如，出现财政危机却没有重视起来，产生化学药品依赖却没有及

时制止）

- 任何成瘾行为（酒精、毒品、食物、性、赌博、购物等）
- 把自己的负面情绪"释放出来"，而不是以一种积极的方式去体会或表达（沦陷于上瘾行为，发脾气，打架，或进行无保护或危险的性行为）
- 从心理上压制负面情绪

最后一种对抗方式与大多数策略有所不同。当压抑自己的情绪时，我们实际上已经意识到了自己在做什么。我们有意识地选择抑制或忽略那些情绪，直至感到足够安全来体会和表达这种情绪，这时，这种防御手段便是有益的。但是，就像其他防御性反应一样，当我们过度依赖抑制的手段并不断压抑情绪，没有以一种健康的方式去解决它时，我们就会痛苦至极。

防御觉察练习

多留意自己对待情绪的防御方式吧。回顾一下人际防御和个人防御的状况清单，并考虑你存在哪些状况。留给自己一些空间，真正静下心来，想想自己是否也在做类似的事情。

因为很多类似的行为都是无意识的，回忆生活中异常情绪化的时刻，然后思考你是如何反应的，这可能会帮助你在现实中建立自我评估的基础。你是继续向前，正视自己的情感，还是逃避？如果你选择逃避，又是怎么做到的？想象自己正经历着负面情绪的困扰，思考一下哪种防御策略更像你的经典反应方式。哪个是很容易在自己身上看到的？哪个是你实际做出的反应？在一张纸上或日记里，写下你认同的防御措施和理由。有没有其他没有提到的你特有的逃避情感的方式？这些也要列在你的清单上。用笔写下自己的防御措施将进一步帮助你意识到它们，并减少负面情绪在无意识状态发生的可能性。在纸上或日记中列出五种你最常见的避免负面情绪的方法吧！

防御措施

为了更好地理解自我防御是如何起作用的，让我们来看看下面的故事中展现的几个最常见的防御措施。每个例子的标题都表明了正在使用的防御措施以及可能要逃避的情绪。

将"合理化"和逃避作为对恐惧和悲伤的一种防御反应

黛安娜挂上电话，静坐在厨房的桌子旁。她的姐姐刚刚打电话告诉她，89 岁的姨妈刚刚住院了。"人到最后都会这样吧。"她心想，"好想念姨妈，她对我来说很重要。"接着，黛安娜想象着去医院看姨妈会是什么样子，姨妈以前总是那么充满活力，但现在生病了，虚弱地躺在床上，身上插着各种冰冷的管子。她能听到脑袋里心电监护仪的哔哔声，胸部一阵疼，接着就是焦虑袭来。"你知道的"，黛安娜自言自语道，"姨妈可能已经缓过来了，甚至不会注意到我是否在病房。所以去有什么意义呢？还不如等等看。"她的焦虑感平静了一些，她环顾了一下房间，想找点事做。她从桌子旁站起来，开始清洗洗碗机里的脏碗筷。

身体不适和心事重重的状态都是对愤怒的一种防御反应

德里克看着老板刚刚分配给他的项目清单。在短时间内完成如此多的工作似乎是不合理的，但就像往常一样，当老板向他征求关于工作量的反馈意见时，德里克什么也没说。走回办公桌时，他感到恼怒，接着是焦虑、紧张。"我怎么才能完成这些任务呢?"他感到疑惑。德里克坐下来，开始整理面前的工作清单，突然，他的脖子隐隐作痛。他想，"正好! 机会来了。"那天晚上下班回到家时，他感到非常痛苦，大脑一片空白。他本可以趁着自己愤怒的这股劲儿与老板再商量一下，但现在已经下去了。这已经变成了一个"麻烦事"。

将淡化作为对自豪和喜悦的防御反应

这是迈克尔十分钟之内受到的第四次夸奖了。每个从他面前走过的人，都会祝贺他出色地完成了筹款工作。一位女士滔滔不绝地夸奖他的特殊才能，如此出色地完成了这场独一无二的众筹。事实确实如此。这些都是迈克尔自己设计的，耗时几个月的时间才完成这项令人不可思议的大工程。在内心某处，他开始为自己的工作感到自豪，为出色地完成一项工作而感到喜悦。然而，迈克尔却感到不安、担忧和焦虑。认可和赞扬实在太多了，他应付不过来，急需找到一种让自己平静下来的方法。"这些人真是太好了。"他心里想，"可能任何人都能完成，其实并不需要特别的天赋。"然后他低头看了看自己的空杯子，径直走向吧台又拿了一杯酒。

深思和犹豫是对(不确定的)感觉的一种防御反应

他们已经约会一年多了，劳伦一直在努力理清对尼克的感情。在劳伦的亲朋好友眼里，他们似乎是完美的一对，但劳伦不那么肯定。当她试着去了解自己的真实感受并快要想清楚的时候，不安与茫然就在脑海里徘徊，令她感到手足无措。如果我们能体会到困扰着她的整个过程，以下可能就是我们所能知晓的。(注意她是如何不坦然面对自己内心真实感受的，而是在不同想法之间来回切换。)

"他是个好男人，我们在一起的每一天都很开心。但我们之间似乎缺少了些什么，我不知道缺什么，我想知道自己是否真的爱着他，不知道那到底算什么。我的意思是，怎么知道自己是不是恋爱了？我可能是坠入爱河却不自知，是这样吗？我心里明白自己是爱他的，但那种感觉应该和恋爱不一样。也许我们只是需要各自放松一下，也许我应该给自己一些空间，探索自己的内心。但是，他可能会因此感觉很受伤，我能想象这会让他有多生气。如此对待他，我会于心不忍。也许对他期望太高了，也许跟他在一起时我该让自己放松一点，不那么局促不安，可能感觉就大不一样了，也许他真的是我最喜欢的人。但是……"

劳伦踱来踱去。她将何去何从呢？没人知道，甚至她自己都毫无头绪。

情绪也可以是一种防御手段

还记得我之前说过的吗？任何思想、行为或反应都可以是一种防御手段。情绪本身也可以是对情绪的一种防御方式，事实的确如此，当情绪被用来掩盖我们内心最深处的情感时，它也变成一种防御手段。例如，当人们真正感受到潜在的伤害或悲伤时，他们有时会以愤怒来回应。同样，有时人们感到无助或流泪——看似悲伤，但实际上他们正感到愤怒。由于种种原因，最容易浮现在表面的情绪比隐藏的情绪更容易被接受或被忍受，因此可以用作一种防御手段，通过这种方式，防御性的情绪掩盖了内心更深层次的真实情感。

我们如何判断情绪何时具有防御性呢？最明显的迹象是这种情绪的持久性，就像损坏的唱片不断重复着同一个音乐片段，但总是到不了让人满意的结尾。我们的愤怒或内疚从未消散，我们的悲伤或恐惧也没有平息，无论这种情绪持续多久，都不会真正有效地给我们千疮百孔的内心带来一丝慰藉。真正的感受并非如此，好似一个向前移动的气流，并最终消散，有时消散得相当快。当我们能够敞开心扉并用心感受这种情绪时，就会体验到一种解脱的感觉，内心不断升华。

防御性的情绪对我们毫无意义。对朱莉来说，她在和父亲通电话后所感到的担心和内疚，在某种程度上是她在抵制内心的愤怒和幸福感，最终让她陷入自我防御的情绪中，无法获得有益的进步。不管怎么努力，她都无法摆脱，除非她能意识到自身的防御性反应，并着手处理自己内心的真实情绪。

现在该怎么办呢？

如果你对理清自身行为感到茫然，这很正常。最后，记住我们讨论过的防御策略的确切类别或名称并不是那么重要，我花时间讨论这些常见的防御策略只是给你一个参考框架，以便你在审视自己的行为时可以做参考。最重要的还是要知道自己应该注意些什么。

这正是你现在需要做的。在这一点上，首要任务是保持警惕，打开身体的感应器，时刻关注自己的反应。拓宽情绪正念的练习，将注意对自己的情绪做出怎样的反应包括进来。当你接近你的情感时，注意自己做了什么。当一种情感开始浮现时，注意你想做什么或感觉必须做什么。在可能引起情绪反应的情况下注意自己是如何反应的。是会随大流，还是背道而驰？是带着兴趣倾听自己，还是产生防御反应？

有时，你可能会发现自己的某种行为可能是防御性的，可能会注意到自己变得坐立不安，感觉需要散散步或分散注意力，可能会注意到自己正在做或感觉有必要做本章中所讨论过的防御性行为，那么就停下来问问自己发生了什么。刚刚发生了什么，可能是你自己的一个反应，可能是自己感到不舒服、焦虑或害怕？如果你还没有意识自己有感觉，但怀疑内心可能发生了什么事，那就检查一下自己的所思所想和所作所为。注意可能有的任何反应，并保持好奇心。扪心自问：

"我的内心发生了什么？我意识到了什么？我感觉到了什么？

我注意到身体发生了什么变化？我现在的感觉是什么？

我在逃避什么？我在逃避某种感觉吗？我是否有这样的感觉？

是不是有什么东西让我不敢去面对，不敢与之接触？是不是内心有什么东西让我焦虑？

如果我不做出防御性反应，也就是说，如果我不允许自己逃避——那么会发生什么呢？我想做什么？"

这些调查性的问题旨在提高你的意识，帮助你关注自己的体验。其中某些问题有点含糊（我内心发生了什么，我意识到了什么，我感觉到了什么），事实上我们是故意为之。还记得之前我们提到过的，当我们试图与情感建立联系时，右脑就会起主导作用。所以，其中一些开放性问题是为了给你更多的空间，去留意你所发现的，帮助你专注于情感体验而不是陷于思索"为什么"。那些可能是陷阱。

你不必马上回答这些问题，回答"我不知道"也可以。你是否能够察觉自己的感受并不重要，我们马上会讲到，最重要的是你要将注意力转向自己的内心而不是逃避。训练自己活在当下，而不是寻找逃避的方法。这本身就是迈出了进步的重大一步。

打开你的防御雷达，以"连续工作模式"运行，这样身体某个部分就会为你留意，保持警醒，也许在那一刻，或者在做出防御反应之后，你会与自己建立联系。只要增强了对自我感觉的意识，哪个时间注意到都是有益的。

切忌自我批评,鼓励自己对自己的感觉开放,让自己察觉到自己在做什么。"我又开始攻击自己了""我又开始转移话题了""我又开始找借口了""我又一次陷入了沉思,忽略了自我感受""我刚才是不是在逃避什么""为什么那一刻我变得不安而拘谨""是什么让我开始滔滔不绝"。当注意到自己在做这些事情时,你就知道自己正在做出防御性反应,这时你就要开始保持警惕了。你的自我防御实际上是对内在体验的警示线索,也是让你发现自己最重要一面的宝贵机会。当你察觉到自己的反应方式可能具有防御性时,立刻停止,腾出一些空间,转向自己的内心,倾听内心深处的声音,并保持现状,看看自己会发现什么。

当以这种方式练习情绪正念时,你会打开意识的镜头,更全面地看待自己,这样做,你将从容地控制自己的反应。现在,你有机会走向一条崭新的、令人兴奋的道路通往更充实、更令人满意的生活。

本章要点

- 防御机制可以是将自己与情感隔离开来的任何想法、行为或反应。
- 过度依赖防御机制会让我们陷入困境。
- 当我们接近自己的真实感受时,防御机制会保护我们不受焦虑情绪的影响。
- 防御机制可以使情绪不受他人以及自己的影响。
- 当用来掩盖我们真实的情感体验时,情绪也可以是一种防御性反应。
- 练习情绪正念可以加强识别自己防御性反应的能力。
- 无论是释放自己的情感还是与他人取得更深入的联结,识别自己的防御性反应都是至关重要的。

第五章

第二步：将情绪平常化

做我们害怕的事,害怕必然消失。

——拉尔夫·沃尔多·爱默生

那是一个灰蒙蒙的秋日，我坐在昏暗的咨询室里，心跳加速，双手隐隐感到阵阵刺痛，我挣扎着描述自己的恐惧，治疗师在一旁细细听我事无巨细地描述心中的恐惧。当我描述我对这段关系的质疑、对未来的担忧、对自我的怀疑、接下来我该怎么做、我该何去何从时，我说得越多，就越发感到焦虑。我确信自己本可以滔滔不绝地讲下去，但不知什么时候，治疗师敏锐地意识到问题的根源并非出于此，便倾过身子来阻止我继续说下去。

"我对你说的话有两种反应，"她说，"首先，我能感受到你的焦虑，也能感受到它有多强烈、有多痛苦难忍、有多折磨人。但这也同样像一堵墙，在某种程度上让我不能更深入地了解你。事实上，我真的太理解你了，如果你能暂时忘却焦虑，会发生什么事情呢？"

这个出乎意料的问题让我大吃一惊，我坐在椅子上挪了挪身子，稳当地坐好。房间里原本充斥着我急促而又不安的声音，现在却悄无声息。我能听到钟表的滴答声，越来越慢，好似时间随时都会戛然而止。她热切的目光紧紧地盯着我，就像一台正在向前推进的照相机，不断对准我聚焦。

我将目光慢慢从她脸上移到旁边的书架上，试图逃离，然后闭上了眼睛，小心翼翼地集中注意力，审视着自己的内心世界，看看除了我认为存在的东西之外，还可能有什么。但似乎什么也没有，剩下的只有黑暗、空虚和恐惧。

我看向她，摇了摇头，接着又试了一次。我鼓起勇气，脚趾紧紧抓地，把注意力全部集中到自己的内心，想知道除了焦虑，内心还隐藏着什么。

最后的审判

于是，在那个寂寥但关键的时刻，我开始克服恐惧，放下一切来看清内心真正的情感诉求。我当时并不知道，我即将开始一段改变自己生活轨迹的经历。1994 年的秋天，我刚博士毕业几个月，但感觉就像已经过了一辈子。我自认为是一个与众不同的人，事实上，当我回顾过去，觉得哪怕认清自己都是一件不容易的事情，也很难记得曾经有过的那种焦虑感，但我知道当时确实很焦虑。

自小时候起，我就学会了质疑自己的感受，害怕相信自己的真实感受，害怕暴露真实的自我。尽管我一直努力改进，情况也有所改善，但我内心仍在痛苦地挣扎。在内心深处，我仍然认为如果自己真的敞开心扉，完全接受自己全部的情感体验，坏事就会发生。大脑中迂腐的想法不断发出警告信号，最终有效地控制了我，隐藏了最真实的自我。

没想到，我已经发展出了无数种方法来逃避真实的感受以及伴随而来的恐惧。在相当长的一段时间里，我的防御机制一直保护我免受焦虑的困扰——忙于工作，分散我的注意力，不断质疑且"合理化"我的情绪，消除或否认消极情绪。但是我内心的某种感觉始终没有停止，内心深处的声音渴望被倾听，并不断在我的防御盔甲上寻找漏洞。

在毕业那天，内心的恐惧与不安终于开始浮现。在接下来的几个月里，没有了对学术的执着追求来分散我的注意力，内心的那种感觉愈发强烈。我一直逃避的情绪终于爆发了。

我突然意识到是时候停止逃避，慢下来了，清除头脑里嘈杂的声音，静静找寻内心真正的感受。如果我要过上真正想要的生活，就必须能够察觉到自己真实的情感。幸运的是，我遇到了一位专业的治疗师，她能引导我深入自己的内心。由于我一直都处于逃避的状态，所以做出最初的改变并非易事。事实上，我越注意自己内心的活动，那些我往常用于逃避的小伎俩就越容易被发现，我完全不知道自己在逃避情感方面已经变得如此游刃有余。

但我需要学习完全不同的东西，需要学习如何轻而易举地控制自己的情感，不受焦虑情绪的影响，也需要学习如何克服恐惧。

现在，我要把我所学到的传授给你们。

不要过度依赖防御机制

当我们察觉到自己的防御机制，并努力直面自己的情绪时，我们将不可避免地开始出现不舒服的感觉，如焦虑和恐惧。也许这种情况已经发生在你身上了，也许你已经感到不安，或者经历了一些类似可怕的事情，也许你已经察觉到自己浑身发抖，胸部发紧，心跳加速，或者惶惶不安的感觉。这些都是恐惧的表现，正是这些引起了你的自我防御。

当我们对自己的情感不再防御时，我们就会有更多的机会去接触我们试图逃避的恐惧。虽然痛苦，但它实际上是一个有益的迹象，表明我们正在走近内心感受，在某种程度上，也表明了，我们在正确的轨道上前行，开始正视自己的情绪情感，并学习如何处理。我们也会走向更加美好、更加丰富多彩的生活。

首先，我们需要在成长的关键时刻学会消除焦虑，如果做不到，我们可能会错失丰富的情感体验，幸福感也会因此而削弱。这就是为什么我们需要谋求更有效的策略来减轻我们的痛苦，让自己掌控人生。

那就让我们先来看看当我们焦虑和害怕时到底会发生什么。

深入我们的大脑

在第二章中,我们探讨了早期的情感体验是如何成为神经回路的一部分,并如何对自己、他人和世界产生重大影响的。当内心真正的情感被抛弃或谴责时,我们就会产生胁迫感和危机感,并遗留成为我们神经系统中情感历史"清单"的一部分,提醒我们要不惜一切代价避免这种压迫感。

杏仁核是大脑深处的一簇杏仁形状的神经核团,也是我们重要的情感记忆仓库,同时,也是大脑中判断事件对情绪有无影响的区域,让我们知道情况是好是坏,是喜是悲,是安全还是危险。另外,它与我们当前的讨论也密切相关,因为它是大脑中产生恐惧的地方,具有压倒理性思维的强大能力,能够忽略现实,超越一切情感体验。

神经学家约瑟夫·勒杜进行了一项突破性研究,帮助解释杏仁核是如何"劫持"大脑其余部分的。[1] 他和纽约大学的同事一同采用了尖端技术,结合杏仁核可以连接大脑各部分的特性,说明杏仁核可以绕过大脑的"思考"部分——新皮层,并警示身体注意危险。杏仁核的反应非常迅速,甚至在我们仔细评估突发情况之前,就会向大脑的其他部分发出信号,让身体做好战斗或逃跑的准备。此时,我们的心脏便开始加速跳动,自我保护意识便会加强,身体肌肉也做好了迎战的准备,但大脑的理性部分仍在思考事情是如何发生的。最终,我们的大脑新皮层会参与进来,但由于它的神经回路更为复杂,所需要的反应时间可能更长。

凭借杏仁核的快速响应潜能,感性思考可以战胜理性思考,从而让我们保存生命。在史前时代,如果在找到安全之道之前我们必须停下来思考,那么我们可能早就一命呜呼了,然而杏仁核会不断提醒我们注意危险，并敦促我们做出相应的反应。

但问题是，杏仁核的反应往往基于过去的经验教训，这些教训都储存在它的神经库中，其评估方法依赖于"模式匹配"的过程，在这个过程中，杏仁核首先扫描当前的经历，然后在我们的情绪历史清单中进行搜索，评估是否有记录在案的经验教训。如果匹配到过去的教训，即使时间太过遥远，它也会促使我们像对待过去的教训那样做出反应。

简而言之，根据以往的经验，大脑会预测是否会发生坏事，而我们的身体也会做出相应的反应，这个过程有助于解释为什么我们有时会对某种情景毫无由来地害怕。例如，我的一个朋友在她 20 岁出头时发生了一场几近致命的车祸。那天，她紧跟着前面的一辆汽车，但这时前车突然停下来拐弯，为了避免撞上去，我的朋友本能地将方向盘转向右边，撞到了一根电线杆上。幸运的是，她活了下来，并给我讲述了这个故事。但 25 年后，每当离前面的车太近时，她就会变得焦虑。同样的事情也会发生在我们的情感上，由于早期糟糕情感经历，当我们接近内心的这种情绪情感时，即使没什么可害怕的，也会激活杏仁核让我们感到恐慌。

但这种情况不一定是永久性的。我们可以对杏仁核进行"重新编程"，让它对我们的情绪做出更友好的反应，最终，我们可以创建不同的响应模式。通过反复塑造情感经历，我们可以与其建立更积极的关系，熟悉这些情感教训，并可以预料。如此，我们为杏仁核建立了一个新的参照框架，其中，情绪不再被视为一种威胁，而是一种小确幸。就像戴尔·卡耐基曾经说过的那样："坚持做你觉得害怕的事情……这是迄今为止征服恐惧最快、最可靠的方法。"

你可能会想，"说起来容易做起来难。"我完全可以理解这种心情，放下恐惧，欣然拥抱自己的感情，对我们来说并不容易，尤其是在逃避了这么多年之后。这是我们的自我防御策略的最大代价，为了能消除恐惧，反而剥夺了我们因情感而产生的更丰富的体验。

好消息是，我们不需要振作起来，勇敢地前进。因为那并不能真正帮助我们接近自己内心的情感。相反，我们可以学着减少自己的不适感，直至能够达到一个更健康的状态，这样，当向自己的情感敞开心扉时就不至于崩溃。接着，我们便可以一步一步地走向更完整的情感体验，直到我们能够重新感知为止。

向自己的情感敞开心扉是一个循序渐进的过程，不可能在一夜之间发生，但通过练习和强化意识，我们可以学会战胜恐惧，感受内心的平静，并触碰我们最真实的感受。接下来，在本章，我将分享几个小技巧，当你接近自己内心的情感时，就可以借助这些小技巧让神经系统变得更加镇静。

1. 识别并标记自己的情绪

2. 以正念追踪自己的体验

3. 深呼吸

4. 积极可视化

通过练习这些策略，你会减少焦虑，更能坦然面对情绪，并给自己的情绪存在的空间。

在旅途的每一站驻足停留

弗兰克在和一个女人简短地交谈之后挂断了电话，他们就要离婚了。他感到震惊而又困惑，完全不知道该怎么办。对方只是告诉他，她下周末要把房子挂在一家房地产中介准备出售了，那是他们一起住了10年的房子，一周后就要挂牌出售。几天前，他们只是稍微提到过，但还没有做出决定，至少对弗兰克来说是这样。

"我从没说过我准备卖房子。"弗兰克一边想一边走进隔壁房间。

在内心深处的某个地方——在意识之外的地方，他开始感到愤怒。一部分自己想要站起来说："你怎么敢这样做！"但那一部分并没有表现出来，因为他的焦虑和担忧已经完全占据了大脑。他心烦意乱地在房子里踱步，不知过了多少个小时，电话当中的对话一遍又一遍地在脑子里回放。他试着去睡觉，但睡不着，思绪不断翻涌，愤怒的情绪在体内翻腾。弗兰克整夜辗转未眠，但还是要睡眼惺忪地去上班，他感到精疲力竭，心里想着怎样才能熬过这一天。

如果弗兰克能够察觉并坦然面对自己的感受，那么这个夜晚将会毫无波澜。如果在挂断电话后他能停下来正视自己的情感体验，察觉到自己的愤怒，并做出标记，那么他就会好受得多。简单地给我们的感受命名，实际上就是一种强大的焦虑自控工具。

如果这听起来完美得令人难以置信，那么请想象一下，教室里有一个小孩坐在桌前，不停地在座位上扭动着，在空中挥舞着他的手，试图引起老师的注意。他是如此精力充沛，不停地动来动去，直到老师注意到他，他才消停了下来。"蒂米，你有什么要说的吗？"老师终于说话了。突然间，蒂米觉得自己被看见了，被"认可"了。如果老师认真地倾听他说话，他就算坐在椅子上也会感到满满的被肯定和幸福。

情感就与那个孩子一样。它们需要被关注，需要被认可，需要被别人看到。一旦我们认真地去聆听它们，注意到它们，并为它们贴上"标签"，它们往往就不再争夺我们的注意力了；它们所产生的焦虑感越少，我们内心就会感到越平静。如果弗兰克能够大方承认并接纳自己的愤怒，事情可能会大有转变，一种解脱感可能会油然而生，然后他便会从不同的角度来认真对待自己的选择。

在生理层面上，简单地命名自己的感受实际上能让杏仁核平静下来。加州大学洛杉矶分校的心理学家马修·利伯曼和他同事的最新研究证实[2]，给情绪贴上"标签"会有效地抑制恐惧，从而减少情绪困扰。

另外,承认并命名我们的感受,无论是愤怒、悲伤、焦虑、恐惧、快乐、爱、内疚还是羞耻,甚至是模糊的情绪,都能促使我们调节自己的神经系统,让自己重新掌控自己的身体。

命名情绪意味着什么?

还记得我们在第三章讲过的几个基本情绪吗?

愤怒　　　　悲伤　　　　幸福
爱　　　　　恐惧　　　　内疚

认识到这六种基本情绪会让我们更容易察觉到自己的情绪情感。如果我们不确定自己产生了怎样的情绪情感,我们可以浏览一下上述列表。

有时,我们仅仅关注情感体验就能很容易地聚焦于自己的情绪情感,这样我们就能给它们命名,但有时我们对自己的情绪情感并不是很清楚。当我们的情感体验难以判定时,仔细考虑上述每一种基本情绪可能对你会有很大帮助。

有时,我们会经历不止一种情绪情感,它们可能会一起出现并困扰我们,心乱如麻,急需解开。例如,我的一位来访者意识到自己在与同伴发生争吵后,就会产生一种复杂的情绪情感。当我们深入探究他的感受时,他能够辨认出的有愤怒、悲伤、爱和焦虑。这种愤怒、悲伤和爱的复杂情绪情感则是对破裂的合作关系的一种有效反应,但他的焦虑更多的是出于对这些复杂情绪的不安,然而,能够识别并命名每一种情绪会有助于他整理自己心情,也会因此减少焦虑感。

在命名情绪的过程中,最令人兴奋的是,当我们对自己的情感体验能够保持一种开放的心态时,我们会得到即时的反馈。这就好像我们在参加某种在线考试或调查,在输入答案之后按下回车键,屏幕上就会闪现出"正确"或"错误"的字样。给我们的情绪"贴标签"也是如此。如果标签不匹配,我们就可以知道我们没有击中目标,因为我们的情绪状态没有丝毫改变。但当匹配成功时,我们就能感觉到情绪的变化,就像一块拼图很容易地卡到位一样,真切地感受到身体能量的转变,一种解脱感袭上心头,我们的焦虑也会有所缓解。当然,所有这些都取决于我们感受自己情绪的能力。

让我们来期待一下,如果弗兰克在与妻子通话后,尝试确认并说出自己的真实感受,他的心路历程将会是怎样的。

弗兰克挂断电话,探查自己的内心。他一动不动地站着,好似时间静止了,耳边再次响起妻子的声音,然后他突然开始在房子里踱来踱去。几分钟过去了,弗兰克才意识到自己在做什么,意识到自从挂了电话,他就不在状态,根本停不下来,一直走来走去。他对自己说,"我太激动了,我到底经历了什么?"他坐在沙发上,专注于内心。弗兰克注意到自己心跳得很快,烦躁不安。他想:"我焦虑吗?"然后试图让自己平静下来。他承认:"是的,我内心某个地方的确在焦虑。"但弗兰克感觉到内心充斥着的不仅仅是焦虑。他再次将注意力集中于内心,感到有种冲动即将爆发出来。他自言自语道:"我很生气。"当他清楚地察觉到自己的情绪时,他身体里的某种能力便发生了变化,感觉更通透了。"我当然生气了。"他想,"她没有权利不跟我商量就把房子挂牌销售!"弗兰克坐了一会儿,让他自己与自己的情感能量建立联系。

你可以使用下面的命名工具来帮助你识别和"标记"自己的情绪。

命名工具

当你感到焦虑或不安时,请尝试以下步骤:

1. 时刻留意身体可能正在经历某种情绪。

2. 将注意力集中在身体的感受上,并保持这种状态。

3. 试图识别并"命名"自己的情绪(愤怒、悲伤、幸福、爱、恐惧、内疚或羞耻)。如果那种情绪并不清晰,请花点时间与它在一起,用心体会自己的情感并意识到它外围的感觉。

4. 查看"标签"是否匹配,命名和情绪是否能够"卡"到位。

5. 当能够准确地"标记"自己的情绪时,你会注意到身体能量的变化,沉下心来感受身体的变化,并渐渐适应。

保持语言的简洁

命名情绪并不应该是一个复杂的过程。你不需要太多的言语;事实上,三言两语便可以完全解决。例如,"我感到难过""我很生气""我非常高兴",这些简短的话语都包含了很多信息,都清清楚楚地表达了你的情感体验,明明白白地体现了事情经过。有时,更详细的解释或辩解会让你讲述或思考自己的感受,而不仅仅是"命名"它们。例如,你可能会说:"我觉得我的生活一团糟。"虽然这个陈述令人信服,但并没有说明你的感受。的的确确如此,因为这是一种想法,而不是一种感觉。相反,你可以说:"我感到生气(沮丧或难过),因为我的生活一团糟。"

人们常常把想法和感觉混淆起来。我们自以为是在描述自己的情感经历,其实我们只是在谈论我们的想法。这是一种让我们陷于沉思而又与真实感受脱节的习惯性思维,然而,这种习惯性思维并不能减少情绪所带来的影响,它们在暗地里不停地嗡嗡作响,因此我们会持续性地感到焦虑。

当我们试图确定我们的感觉,并在"感受"这个词后面加上"是"或

"类似于""觉得"等诸如此类的词语时，我们最终表达的是一种观点、判断或想法，而不是我们的感觉。例如，如果你说："我觉得这种情况很不公平"或"我觉得我已经尽力了"，事实上，你并没有真正表达出你的感受，你只是在阐释一种想法。你为什么觉得这种情况是不公平的？是感到生气？悲伤？还是内疚？你为什么会觉得自己做得很好了？是感到快乐？兴奋？还是如释重负？这些简单的形容词描述的才是身体的感觉和情感体验，这才是我们的感受。

当你试图识别并描述自己的感受时，请注意自己的措辞。如果你对自己的情绪的描述限定在两三个词之内（如"我害怕""我感到羞愧""我感到兴奋"），并以基本的情绪以及与其相关的其他情绪作基础，你就不会掉入这种描述自我想法的陷阱中。你可能还会意识到一种倾向，即专注于正在思考的事情，而不是停留在情感体验上。就像我的许多来访者一样，当你把想法误认为自己的感觉时，你会发觉自己讲错而突然住嘴，重新集中注意力，回到正轨上。

想法和感受

以下是一个小技巧。当你试图弄清楚你的感觉时，你用"认为"这个词来代替"感觉"这个词，如果仍然说得通，这样你可以判断出你是在表达一种观点或想法，而不是一种感觉。例如，"我感觉我受到了不公平的对待"也可以写成"我认为我受到了不公平的对待"。这个陈述就是在表达一种观点或想法，而没有表达出你受到不公平待遇时的感受。所以保持言语简洁，避免使用"类似于"和"觉得"，这样你更有可能直截了当地表达自己的情绪。

当你不清楚自己情绪的时候

有时候，情感不会那么明晰，我们会感受到内心暗流涌动，好似一种模糊的感觉。例如，除了对妻子将房子挂牌销售感到愤怒外，弗兰克的内心还可能存在不容易被察觉的失落与悲伤，他可能会留意到某种情感在内心渗透，但却无法识别。在这个时刻，只要意识到某种情绪的存在——"我能感觉到一些东西"，就可以减少焦虑。你可以想象一下去敞开求索的大门，向身体发送信号，你已经准备好去探索自己的内心。时刻提醒自己你想要了解自己的情绪，这样隐藏的情绪才会最终浮现出来，并为人所知。

相反，如果我们在潜意识中选择屏蔽、不在乎或者无视任何可能出现的情绪，就会阻碍自然而然情感流露的过程。我们的情绪无法及时释放出来，最终会感到沮丧——就像班里的那个孩子一样，需要被认可。

你可以使用"保持开放心态"工具来帮助自己敞开心扉，激励自己将身体内模糊的感觉清晰化。

"保持开放心态"的工具

当你无法确定自己的感觉时，请采取以下步骤：

1. 承认自己正在经历某种情绪。

2. 让自己知道你愿意去探索内心，寻找答案。对自己说：

"我想知道我现在是什么情绪。"

"我很乐意去发现这种情绪。"

"我会一直等待,看看会发生什么。"

3. 打开你的情绪雷达,当某种情绪真正被辨认出来的时候,保持接纳的态度。

用意念追踪自己的情绪

当离婚的压力变得一发不可收拾时,弗兰克找到了我。他尴尬地告诉我,自己在婚姻中遇到的一个问题是,他很难敞开心扉,经常怀疑自己,也花了很多时间和精力合理化自己的情绪,他常常不知道自己内心在想些什么。他痛苦地透露,妻子觉得他是"冷血动物",也因此不再跟他联系。事实上,弗兰克也不是没有情感,他只是感到非常焦虑,不知道如何与自己的情绪情感相处,也不知道如何处理它们。

通过心理咨询,弗兰克更加有意识地关注自己的情感,并认识到自己逃避或中断自己的情感体验的方式。辨认并命名自己的情绪,集中注意力在呼吸上,帮助弗兰克更好地管理自己的焦虑,专注于焦虑的身体经验也让他获益良多。首先,这个策略对弗兰克来说似乎有悖常理,"关注焦虑怎么会让我心情舒畅呢?"他难以置信地想,"不会雪上加霜吗?"我向弗兰克解释道,如果承认自己焦虑,其强度就会降低。正念地描述并跟踪焦虑的身体表现,能帮助我们调节自己的情绪体验,离它远一点。当弗兰克按我的方法尝试时,他的疑虑慢慢消散,他发现,仅仅只是描述身体焦虑的体验,痛苦就得到了明显的缓解。

当感到害怕时,我们有可能迷失在恐惧之中,感到不知所措和无助。此时,我们需要采取观察者的立场,描述我们身上到底发生了什么,这样不仅能帮助我们与不适感拉开一定的距离,还能重新掌控自己的体验。

想象一下,你站在一个漆黑的舞台上,一束光照射过头顶,在地板上留下明亮的光圈。如果站在光圈里面,你会被光线渗透,很难观察到照射下来的光。相反,如果你走出光圈,你将获得一个更好的视角。你可以更好地观察和描述它,而不被蒙蔽。当我们反观自己的情感经历时,这正是发生的情况。作为旁观者,我们能更准确地看到此刻正在发生的事情,避免被烦心事压垮。

当我们试图敞开心扉并探索内心感受时,我们可以使用观察性的语言帮助我们降低焦虑。例如,如果我们能够监听弗兰克内心的想法,就会发现他是这样用正念追踪自己的情绪,并借此观察和调节痛苦的。他可能会对自己说,"我注意到自己开始感到有点焦虑了,也许焦虑不止一点点。我能感觉到心脏一直在怦怦跳,现在我注意到自己的呼吸有点浅,有点急促,感觉就像有什么东西重重地压住了我的胸口,沉重不堪。仅仅将这种感觉讲出来我就感到身心放松了一点,没有那么紧张了,开始慢慢敞开心扉,现在我又注意到……"

很明显,弗兰克只是在用言语描述内心的世界,而没有评判它,只是试图弄清楚内心真正的想法,甚至没有阻止它。通过简单的观察将感受用言语表达出来,他就有效地降低了焦虑感,并对自己的情绪获得一些掌控权。当你试图探索自己内心的感觉时,你可以使用正念追踪工具处理你的焦虑感。

正念追踪工具

当发现自己倍感焦虑或恐惧时,请采取以下步骤:

1. 专注于自身的外在感受或体验(例如,咬紧牙关,胸部收缩,双手刺痛,心跳加速,呼吸困难)。

2. 不要质疑也不要评判，留意并描述自己的身体正在经历什么。你可以用"现在我注意到……"来引导你完成这一过程。

3. 当专注于自己的内心时，请注意情感是如何变化的或者没有变化。

4. 继续追踪和描述自己内心的经历，直至焦虑或恐惧有所平息。如果你仍感到焦虑，你可能需要试试这一章所提及的其他练习。

5. 当你感到前所未有的放松时，沉下心，静坐一会，细细回味这种转变。

休息一会儿

薇琪在她人生最困难的时候找到我。最近，她的大女儿即将离开家去上大学，因此与女儿的关系变得有些微妙，作为一个母亲，她感到十分痛苦。在此之前，她们一直很亲近，但最近，女儿似乎在逃避她、拒绝她，薇琪心里五味杂陈。慢慢地，她与女儿的距离感逐渐加深，自然而然地也就失去了身体和情感上的亲密接触，她感到备受打击。有时，她也会对女儿的无理取闹感到生气，同时内心也会因此而感到矛盾。她只想好好享受和女儿在一起所剩不多的时光。

薇琪很难让自己完全承认并接纳自己内心的情感体验。每当我问起薇琪真正的感受时，她就会变得焦虑和紧张。事实上，我注意到，当快要触碰到内心真正的感觉时，她似乎有一瞬间屏住了呼吸，就好像屏住呼吸是释放情绪的自动开关阀一样——只要她屏住呼吸的时间足够长，也许情绪就会消散。当我将她的反应带入她的注意范围内时，她很惊讶，但也承认这的确是事实。我解释说，这种反应实际上是恐惧情绪的一种身体外在表现——当内心真正的感觉快要浮现时，她的身体变得紧张起来并通过专注于放慢呼吸和深呼吸来进行相应的调节。当薇琪深呼吸时，她的情绪很快有所改变，最终不那么害怕了，更愿意敞开心扉，并花些时间来体会自己内心真正的感觉。

薇琪遇事习惯屏住呼吸或憋气，这种情况并不少见。我经常看到这种情况，当人们开始感到焦虑时，气息就会发生变化，他们可能会屏住呼吸，或者快速浅浅地呼吸，这便是我们对恐惧的自然反应。但值得注意的是，我们时常意识不到自己会这样，因为这是我们下意识对情绪做出的一种反应。

大多数人都不太注意自己的呼吸，现在我们需要多加留意了。我们的呼吸模式不仅反映了我们的情绪状态，而且有助于改善我们的情绪状态。例如，当我感到焦虑或紧张时，如果能更加关注自己的呼吸，我会发现焦虑情绪的改变。我的呼吸变得很浅，胸部变得紧绷，如果我不注意这种焦虑反应，它会反噬——当我的焦虑感加剧时，呼吸会变得更急促；当我的呼吸变浅、胸部收紧时，焦虑感会越发严重。当这种情况发生时，我发现了一个简单的方法可以帮助自己平静下来，那就是集中精力做腹式深呼吸。每当我按照这个方法呼吸时，我的焦虑感会大大减少，并且在一定时间内感到更放松。

为什么深呼吸可以改变我们的情感体验？答案与我们的自主神经系统有关，它能帮助我们适应环境的变化。[3]当我们感觉到某种威胁时，我们的副交感神经系统就会开始行动：心率和血压升高，肌肉收紧，呼吸变得急促——让我们做好战斗或逃跑的准备，这就是副交感神经系统在平息不良反应，并放松我们的身心。深呼吸会刺激副交感神经系统，也是帮助我们摒除恐惧的最快方法。事实上，相关研究表明，保持平心静气的状态并放缓呼吸会降低杏仁核的活性——产生恐惧的神经组织。[4]此外，腹式深呼吸能达到整体的平静和轻松感，我们会因此达到深度放松的状态，而且，正如精神科学家亨利·埃蒙斯在《欢乐化学》一书中指出的,腹式深呼吸对我们的大脑有"奇妙的化学影响"。[5]于我们来说,这简直是一件幸事!

当你触碰到内心真正的感受,并开始感到焦虑或恐惧时,你可以采用以下的呼吸技巧。紧张时,你可以集中精力于深呼吸,让自己放松,另外,每天花几分钟时间练习腹式深呼吸也不失为一个好主意,因为这可以加强你的自控能力,让自己更好地放松。

呼吸技巧

当你感到焦虑或恐惧时,请采取以下步骤:

1. 专注于自己身体的紧张状态。
2. 把手放在腹部,就在肋骨下面。
3. 用鼻子慢慢吸气,让气流一直进入腹部。如果方法正确,你会感觉到双手的起伏。
4. 充分吸气后停顿片刻,然后,慢慢呼气,并完全舒展身体。
5. 重复这个过程数次,专注于自己的呼吸,并不断加深。慢慢鼓励自己完全放松,并将注意力集中在自己的身体和情绪情感上。

强调积极的一面

在一个寒冷的冬日,我正坐在阳光房的沙发上写书。两只小狗在一旁懒洋洋地趴着,一只是叫梅西的凯恩犬,另一只则是叫罗斯蒂的诺里奇梗犬,它们可以说是世界上最可爱的狗了。(我自认为是个合格的宠物主人,并引以为傲。)只要静静看它们一会儿,我的心就会暖暖的,眼里满是温情。它们是一对儿,每天蹦蹦跳跳,好不欢乐,给我们的家庭和生活带来了许多爱和欢笑。我在办公桌上放着它们的照片,甚至忙于工作时,即使抽空看一眼照片,那种温暖的感觉同样也会涌上心头。如果我感到紧张或焦虑,只要看一眼它们那双棕色的大眼睛,紧张感就会立刻消散,就像一剂舒缓心灵的神药。

心理意象及其产生的感觉会影响我们的情绪状态。无论是想象心爱的宠物或与亲人共度快乐时光,还是想象在度假,积极的意象都能唤起我们的情感体验,让我们充满愉悦和欢乐,还可以缓解焦虑。瑞典神经内分泌学家克斯汀·尤纳斯-莫伯格的研究表明,在脑海中臆想所爱之人的积极意象会促使我们释放催产素到神经系统。[6] 催产素是一种神经化学物质,可以减少压力激素的释放,并降低杏仁核的活性。[7] 将我们的注意力转移到积极的心理意象上,可以平复负面情绪,因此它可以成为消除恐惧的有力工具。

近年来,积极心理学领域的科学家已经开始研究积极情绪(幸福、爱、满足、感恩等)对我们整体幸福指数的影响。这项研究是心理学领域的一个可喜的进步,长期以来,我们的研究主要集中在理解和处理消极情绪上。显然,我们也应该了解让我们的心情更舒畅的各种因素,也渐渐意识到积极情绪对身心健康是多么重要。例如,除了让我们心情愉悦之外,积极情绪还能增强我们的适应力、直觉和创造力,事实上还能延长我们的寿命。

积极情绪也可以帮助我们更好地应对困境,它们甚至可以成为焦虑和恐惧的有效解药。密歇根大学心理学家芭芭拉·弗雷德里克森的研究表明,保持积极向上的情绪,如喜悦和满足,可以减少消极情绪造成的生理影响。例如,我们在感到害怕时心跳会加速,这时,我们可以将那些能唤起积极情感的东西图片化。因为我们在将那些能唤起内心愉悦感受的人或事可视化,所以这一方法被称为可视化法。

当我们直面自己的情感时，采用可视化法可以帮助我们减少随之而来的焦虑。在脑海中唤起积极的意象，并与因其产生的愉悦感受建立联结，可以有效地克服恐惧，但我们不必等到感到焦虑时再尝试可视化法。

如果我们在脑海中形成一个"相册集"，其中包含能引起情感共鸣的意象，我们就可以在需要的时候参考这些意象，那么可视化法便更容易成功实现。因此，多花一些时间去发掘任何能引起积极情感共鸣的意象，你会在感到恐惧时增加一丝慰藉，无论是温柔、爱、同情还是快乐，任何能让你感觉更轻松、能改变情绪状态的东西都行。你可以尝试回忆与朋友一同分享的快乐时刻，想象被爱拥抱，或者想象自己身处一个温暖宁静的地方。你还可以想象某个人或一群人协助你克服恐惧，然后用心体会他们所给予的爱与支持。或者，尝试去感受自己的仁慈之心，例如，你可以想象成年的自己正在安慰一个内心充斥着阴影与恐惧的孩子，竭尽所能地提供帮助，只为让他不再感到害怕，然后默默回味自己所散发出的同情和爱的味道。

摸索出最适合自己的方法并非一朝一夕之功，这就是为什么在你感到焦虑之前，最好先尝试可视化法。如果意象和积极的情感很难在脑海中浮现，不要担心或沮丧。就像本章中所提到的调节焦虑的小技巧一样，可视化法也是一种值得获取的技能，只是需要耗费一些时间和精力。通过练习，你可以学会如何通过可视化法产生积极的感受，并利用这些情绪来抵消恐惧。此外，你还可以使用"积极意象工具"来帮助你缓解痛苦。

积极意象工具

当你感到焦虑或恐惧时,请采取以下步骤:

1. 承认内心的不安。

2. 唤起脑海中能产生积极感受的意象、记忆或情境。

3. 当深呼吸时,请专注于这些意象、记忆或情境。

4. 想象脑海中满是积极的感受,并尝试忘却焦虑感和恐惧。

5. 当焦虑感和恐惧完全消散后,沉下心来静坐一会儿,细细体会当下的感受。

振作精神

最后,还有一个良方可以帮助你克服恐惧。神经科学家史蒂文·W.伯吉斯提出,也许一种非常简单的方法就可以对抗压力,镇静神经。这个策略的关键便是迷走神经,它是神经系统副交感神经分支的主要通道。迷走神经位于脑干,并将信号传递至身体的各个部位,包括心脏、肺和肠道,与调节心率和呼吸功能密切相关。

激活迷走神经可以消除我们的恐惧反应,减慢心率,降低血压,促进全身进入放松状态。只需将一只手放在胸部中央,心脏上方,就能刺激迷走神经,起到舒缓心率的作用。如果能与深呼吸和可视化法相结合,这种策略可能会卓有成效。当敞开心扉时你可以使用"镇静工具"来帮助你处理焦虑感。

镇静工具

当感到焦虑或恐惧时，请采取以下步骤：

1. 将一只手放在胸口中心，心脏上方，做腹式深呼吸。
2. 在脑海中想象宁静或喜悦的时光，并逐渐发散思维，直到身体的每一个细胞都能感受到它们的能量。
3. 当身心放松的时候，沉下心来去感受这种新境界。

行动起来

在努力克服恐惧的过程中，我使用了本章所介绍的每一个策略，并行之有效。我每天都会将其分享给我的来访者，他们也因此受益。当他们能够直面自己的恐惧，而不是选择逃避，并有力地做出回应时，他们感到控制情绪的能力变得越来越强，能够更理智地审视自己的所作所为。现在你拥有了一个"百宝工具箱"，当深入内心时，你可以从中挑选任意一个工具来帮助自己渡过难关。

重要的是，本章中的技巧是你可以通过练习而获得的技能。虽然在你直面自己的情感并开始感到焦虑或恐惧的时候我们才会使用这些技巧，但我建议可以随时进行相应的练习，除了为调节焦虑而进行的锻炼，你可以把它们想象成为保持良好的体态或身体健康而进行的必要锻炼。每次练习时，你都在发展这种能力，以缓解痛苦，并提高自控力来消除恐惧，你也会在经历一次又一次的练习后获得新生。通过这种回应方式，你正在改变大脑对情绪的反应，第一反应不再是无尽的恐惧，你也会慢慢察觉到那些负面情绪都是可以被克服的，无须恐惧。

现在，很重要的一点是承认可能无法消除所有的焦虑感。但这无伤大雅，请记住，焦虑是一个有用的信号，可以提醒我们内心正有什么事情需要我们去关注。这样一来，它就变成了你的朋友。你需要这些信息。此外，感到些许焦虑并不是坏事，能够时刻提醒自己不要自满，你需要它激励自己前进，最终过上自己真正想要的生活。不过，话虽如此，无端的焦虑或恐惧可能会让你止步不前，因此你需要处理好这种困扰，主要目标是将不适感降低到一个可控的程度，这样你便能直面自己的内心感受。本章所涉及的策略旨在帮助你做到这一点，大胆尝试，并挑选最适合自己的策略为自己所用。

本章要点

- 当你越来越靠近自己的情绪时，焦虑或恐惧可能是一个有用的信号。
- 我们可以将不适感降低到一个可控的水平，这样我们就不会感到如此压抑。
- 识别并简单地命名情绪，可以降低焦虑。
- 描述和追踪因焦虑或恐惧产生的生理反应，可以管理我们的情绪体验。
- 腹式深呼吸可以刺激副交感神经系统，借此平复恐惧反应。
- 可视化法及其产生的积极感受可以作为消除焦虑和恐惧的灵丹妙药。
- 将手放在心口，可以刺激迷走神经，从而使神经系统平静下来。
- 练习这些策略可以提高处理痛苦和控制恐惧的能力。

第六章

第三步：用心感受情绪

我不怕暴风雨，因为我在学习如何驾驶我的船。

——路易莎·梅·奥尔科特

布莱恩是一位三十多岁的老师,他尴尬地告诉我,周末和父母见了一面,紧张的氛围让他感到隔阂和麻木。

"发生了什么事吗?"我轻声问道,发现他的眼眶已经盈满泪水。"你现在感觉如何?"

布莱恩低着头,静静地坐着,沉思了一会儿,然后抬头看向我,说:"嗯……我既感到受伤又愤怒。对,就是这样。他们的所作所为深深地伤害了我,让我感到悲愤交加。但主要是我对自己感到失望,心中满是挫败感,因为我无法将自己的情感完全宣泄出来。我很清楚自己的感受,也知道内心真正的诉求,但似乎有什么东西阻碍了我,想把我牢牢捆绑住。"

我知道这种莫名的挫折感是他来我的咨询室寻求帮助的初衷。他曾经用"重压"来描述自己的感受——这是成长于一个对情绪情感没有任何包容性的原生家庭的必然结果。无论是兴奋还是骄傲,愤怒还是悲伤,快乐还是爱,布莱恩所有的情绪情感表达,往往都会遭到疏远和鄙视。因此,他开始怀疑自我、压抑和否定自己的感情,最后郁郁寡欢,毫无生气。但经过一段时间的心理咨询之后,我发现他又恢复了情感上的活力。

他继续说:"这就像……有时当我去跑步的时候,我会在脑海中想象着和父母对话,吐露自己真实的感受,好似全部说出来了,但当我跑到终点时,我发现我并没有。一切都没有改变,我也不觉得有什么不同。这又有什么用呢? 人间不值得啊!"

他常常会想象要对父母说些什么,而不是仅仅感受当下挫败的感觉。我想了一下,要不要提点他,但随后想到我们需要回到让他流泪的话题上来,并深入他的内心。

"布莱恩,我很同情你,也能感受到你的痛苦。"我感同身受地说,"你有时会想要放弃自我。一想到你会就此堕落下去,我就倍感痛苦。"

他点了点头，但似乎吓了一跳，不知道该如何接受这种最直接的关心。他的嘴唇动了动，似乎想说些什么，但最终什么也没说。他又尝试了一次，然后说："我也很痛苦。我是说……谢谢你，嗯……"又顿了顿，"然后，我想，如果我能……"

在布莱恩还没有偏离主题之前，我及时阻止了他。"布莱恩，你坐在这里的时候，你注意到内心发生了什么?"我问道。

他思索了一会儿，然后说："嗯……胸口似乎有一股暖流涌动……"他环顾四周，安静地坐着。然后他在椅子上变换了个姿势，坐了起来，好像是想摆脱自己，试图从那些浮现的情绪情感中逃出来。

"布莱恩，与你现在的情绪情感同在，用心感受到底怎么回事。"

"好吧，"当提到我对他的看法时，他表现得格外深沉，"似乎没有多少人能对我说这些，能这样说话是非常好的事情。"他停顿了一下，然后摇了摇头。"我只是不明白为什么我父母不能多鼓励鼓励我。为什么他们总是要……关注我的缺点，或者……"他突然停下来，闭上了眼睛。

"没事的，"我说道。"让你的感觉自然呈现!"

他用无辜的眼神看着我，接着说："我觉得自己就像个小孩子……记得有次刚结束学校的颁奖典礼，我手里捧满了奖状，兴高采烈地回到家，但我的父母什么也没说。对于奖状的事情只字未提……只记得……我在卧室里……呆坐着……"

他的头失落地耷拉着，肩膀开始不自主地颤抖，内心袭来一阵又一阵的悲伤，不断受到冲击。我试图鼓励他放慢呼吸，全身心去感受这种情绪，并以最好的状态去处理自己的悲痛。

一两分钟后，他的情绪渐渐平复下来。

内心的挣扎与不安终于消失殆尽了，心情渐渐平静，布莱恩一动不动地坐着,叹了口气。他抬头看了看我,说:"这就是一直压抑着我的东西"。

"不会了,布莱恩。"我安慰道,"以后再也不会了。"

风波的本质

布莱恩正在学习直面内心真正的感受,并接纳自己的情感体验,从而治愈自己一直背负的悲伤和痛苦。当我们真正敞开心扉,直面自己的内心时,我们就会释放出隐匿于身体内的神秘能量。当这种情感能量以一种自然的方式流动时,我们会被带入一个更加完整、更加崭新的世界,即使经历着痛苦的情绪,允许自己感受自己的情绪,本身就是一种治愈方法![1] 此外,开启我们的情绪体验也会激发我们身体的活力和生命力,带给我们清奇的感受与无限的可能,并让我们触碰到更深层次、更完整的自我。不仅如此,我们也会因此鼓足勇气直面和掌控我们所逃避或恐惧的东西。

但是,恐惧会阻碍我们前进的步伐,妨碍我们探寻显而易见的真理,那就是,当我们真切地用心去感受时,无论在当下看来情绪有多么强烈,它也不会永远持续下去,就像海浪一样,开始时很小,渐渐变大,直至顶峰,但到最后还是会消散。它们来得快,去得也快,或许有时需要一些时间来解决。情绪的浪潮可以接连不断地涌来,也可以是孤独地自行起伏。如果我们能承认情绪的存在并直面这种情绪,而不是选择阻挡它们的到来或选择逃避,我们便会慢慢学会接受并看清它们。

学习如何直面我们的情绪,就像学习如何航行一样;有时水面波涛汹涌,难以操控,有时却安若明镜;有时水流强劲有力,有时水流安静平缓;有时海面的变化是意料之中的,有时又会发生戏剧性的变化,让人出乎意料。在不同的环境航行,可能会感觉很可怕,但我们出海越多,就会越得心应手，心情也会越舒畅。通过不断的练习，我们可以掌握如何驾驭情绪之舟。

让河水奔腾

有时候，当我的来访者处于情绪体验的边缘——情感就在那里，即将突破的时候——他们会停止这个体验并问我："我现在该怎么办？"他们发现自己处于未知的水域，不知所措，对如何与自己的情绪建立联系感到万分焦虑。和我们很多人一样，他们迫切地想要掌控自己。

但当涉及情感经历时，掌控自己或采取行动并不是最关键、最迫切的。这时，我们需要接纳那种情感体验并给它们存在的空间，接下来允许它们自然而然地流露。

最重要的是，我们不需要去挡住自己的路。很多时候，在情绪完全出现之前，我们就会打断这个过程，停止这个体验。例如，当我们开始产生愉悦之情时便很快关上了体验的大门；当我们开始感到悲伤时会想方设法消除这种情绪；或当我们变得愤怒时会质疑我们的反应。

在此，这再一次证明了练习情绪正念会让我们受益匪浅，帮助我们积极地释放多样的情绪并坦然接受它们，感受通向内心的神秘之路。特别是，情绪正念所包含的六种要素可以帮助我们充分感受自己的情绪。它们分别是：

1. 接纳它的所是

2. 集中注意力

3. 放慢脚步

4. 让步

5. 看清情绪

6. 自我反思

本章以下内容将帮助你学习这些基础元素，以便你能感受到自身情绪的存在，直至能够完全掌控。通过反复练习，你会渐渐锻炼出管理并善用情感的能力。

该是什么就是什么

当我问他自从我们上次见面后过得怎么样时，布莱恩回答道："我很好。"

"真的吗？"我问道，仍有些质疑。"你看起来好像不太好。"

布莱恩承认，在过去几天里他一直不在状态。他曾和母亲通过一次电话，由于母亲一直对他评头论足，他感到有些烦躁不安。这种行为对布莱恩来说并不罕见，但这次母亲说了一些狠心的话，布莱恩觉得这简直是在贬低、侮辱自己。我问道："每当你想到母亲对你说的话时，你感觉如何？"

"嗯，你知道的，又不是什么新鲜事。"他回答，"她经常这样，我又能做什么呢？我的意思是，她看起来不会做出任何改变。"

布莱恩正在合理化母亲的行为，早早地下了结论，并一直压抑着自己的情绪，不让它浮现。"这也许是真的，"我说，"但当她这样时，我并不清楚你对她行为的感受。"

"嗯，这让我很困扰。"他不得不承认。

"我相信确实如此，但'困扰'这个词有点模糊。你能更具体地说说你的感受吗？"

"嗯，我想，她让我很生气。"

布莱恩似乎在犹豫。我问："你还不确定？"

"不……我的意思是，是的，我很生气，她怎么能如此狠心？"

"毫不夸张地说，你应该感到生气。"我停了下来。"那感觉是怎样的？"我又继续问道，希望他能按内心真实的感觉去感受。

他看了看我，然后说："你知道的，有那么一秒钟，我觉得我可以直起腰来跟她辩解，但后来我觉得有点透不过气来。我的意思是，我觉得她可能并没有意识到自己在做什么。所以，如果她毫不知情，我突然生气可能对她有些不太公平。对吗？"

接纳它的所是

布莱恩开始自我审视。就在他的愤怒快要露面时，他质疑这是不是一种正当的反应，尤其是对母亲。

这种窘境并不少见。许多人会因对亲人产生负面情绪而感到不舒服。通常，我们认为，如果我们释放出所有的负面情绪，所有的积极情绪也会同时消散。但事实并非如此，多种情绪的确可以共存。而且正如我们所知道的，有时，我们最亲近的人反而伤我们最深。

布莱恩要想做出一些改变，首先他要做的就是接纳自己的情绪。

接纳是情绪正念的基本原则之一，是一种无条件的态度，是一种以不加评判、批评或意图改变的角度看待事物。接纳的态度可以让我们更自由、更充分地体验我们此刻的情绪。

我们应理性对待并接纳自己的情绪。生气就是生气，难过就是难过，高兴就是高兴。我们的体验没有对错，事实本如此。如果我们不接纳自己的情绪，我们就不能与之建立联系，就会对此越发力不从心。情感不能自然流露，最终陷入不可自拔的泥潭。正如心理学家、约克大学教授莱斯利·格林伯格所阐释的那样："首先，我们必须愿意让我们的情感到达相应的位置，然后才能去其他地方。"[2]

情绪有点像天气。我们无法选择外面的天气，也无法改变它，不能让阳光普照，不能让雨水降临，也不能让雪不降落。但如果我们有足够的耐心并且默默等待,天气就会发生变化(尤其是在明尼苏达州,这里的天气可以随时改变)。如果我们与之抗争,因寒冷而苦恼或因下雨而抱怨,事情只会变得更糟。当我们试图接纳它所是时,我们就能处理它,并继续前进。情绪亦是如此,我们无法选择自己的情绪,与之抗争也不会让它们凭空消失。我们不必强迫自己去喜欢它们,但如果我们能接纳自己感觉之所是,让它们有一些存在的空间,我们就可以以一种不同的方式来感受自己的感受。

虽然批评或评判自己的情绪可能非常可怕,但接纳可以是一种强大的解药,把我们从混乱的思想中解放出来,与真实的自我建立联系。虽然这看起来似乎"说起来容易做起来难",但足以让我们产生好奇心,与情绪交朋友并接纳它们,这样就可以让其自然流露,慢慢朝好的方向发生变化。其实,我们只需要有意愿并有动力去尝试一下,效果就会大不一样。

以下是一些建议,可以帮助你对自己的情绪保持开放的态度,更加接纳自己的感受。

练习接纳

- 如果你注意到自己正试图回避自己的情绪或对它们的存在感到矛盾,允许自己简单地以它们之所是的眼光看待它们。
- 时刻提醒自己把判断或质疑放在一边,而且对自己的情绪保持好奇心。
- 如果你发现自己感到矛盾或困惑,提醒自己,情绪没有对错,它们就是这样。然后静下心来看看到底发生了什么。

● 注意你的身体是否有明显的阻力；如果有，便深呼吸，打开身体的能量阀并让其流动。轻轻鼓励自己要保持一种开放的态度。

保持联系

布赖恩承认，他因自己对母亲的愤怒而感到矛盾，但也明白否认自己的情绪对自己没有任何帮助，不仅如此，这样只会让事情变得更糟。他感到焦虑和困顿。布莱恩意识到，他需要尝试改变。

"我知道这对你来说感觉很可怕，"我说，"但我想知道，你是否愿意暂时允许自己去感受自己的情绪，并尊重隐匿于身体内的任何一种情绪，这便是你到达彼岸的唯一方法。你愿意这样做吗？"

他想了一下，耸了耸肩，然后说："我想，这样肯定不会比我一直以来的感受更糟糕了。"

"其实，我相信你会好很多的。"我说道。"你只需要试一试，愿意用心去感受这种愤怒吗？"

"是的，"他回答，"但是……我不知道该怎么做。"

"那我帮你一把吧。"我说，"首先，你可以试着坐起来，这会帮助你更多地触摸到自己内心的感受。"布莱恩把双脚平放在地板上，在椅子上坐直，然后看着我，想知道接下来该怎么做。"现在回想一下你和母亲的对话，想象和她通电话的情景，并仔细聆听她的声音和评论。"他静静地坐了一会儿，注意力向内集中，脸色凝重而严肃，开始微微撇嘴，脑海里浮现出和母亲通话的场景以及自己的愤怒。

"当触碰到自己的情绪时，你注意到自己内心发生了什么？"我问道。

他抬头看了看我，眼睛眯了起来，说："我感觉有点烦躁。"

"我看出来了，多包容自己的情绪吧。你能为我描述一下那是什么感觉吗？"

他想了一下，然后说："我不知道。"

这对布莱恩来说是个从未涉及的领域，所以我对他说："专注于你的身体，描述一下你内心的感受。"

他听了一会儿，然后说："嗯，我觉得有点紧张。"

"哪里感到紧张？"

"胸部。"

"好吧，我知道了。现在把注意力集中在胸部，不要试图刻意引导事情的走向。只要注意到那种紧张感，接下来让我们看看会发生什么。"

布莱恩低头看了看，专注于自己的身体，肩膀前后移动着，然后抬头看着我说："我开始有点明朗了。"

通过专注于身体的体验，布莱恩在内心中逐渐接纳了这种情绪，愤怒的能量开始消散。就在这时，布莱恩变了脸色。"你还注意到了什么？"我问道。

"我感觉到体温上升，皮肤有些发热。"

听起来像是生气的感觉，我心想，然后说："让你自己与那种感觉同在。"我等待了一会儿，然后问："还有什么？"

他一只手撑着脑袋，坐了一会儿，然后摇了摇头。"现在，我要开始更投入地思考了。"通过我们的引导，布莱恩越来越善于识别什么时候该去思考，什么时候与情绪断开联系。

"打消这些想法吧，不要让它们有机可乘。将注意力重新集中于身体的感受，看看它们会发生怎样的改变。你还注意到了什么？"

布莱恩又把注意力集中到了内心。过了一会儿，他的眉头紧锁，显得非常惊愕。"哇……我感觉某种能量正在我的体内游走。真是太神奇了！"

集中注意力

其实一点都不奇怪。布莱恩的经历就是一个很好的例子，当专注于我们当下的感受时，我们会察觉到一些变化，心结也会慢慢被解开。

正如我们在第三章所学到的，我们可以通过身体感知情绪。如果没有身体，我们就不会有情绪——就没有地方去感受它们。专注于身体的感觉可以帮助我们与其建立联结。当布莱恩用心倾听自己内心的感受时，当他关注自己的身体体验时，他的愤怒就会变得容易察觉，并且是能动的。

情绪这个词来源于拉丁文，本质上是指"移动或离开"。健康的情感本如此，不管是潺潺流动的情感还是怒发冲冠的能量冲击，情绪都会移动。它们通常由内而外地移动，从躯干开始，向外流动到我们的四肢。比如说：

- 愤怒的时候，会有一股向上的能量(比如，脑部充血，手臂有刺痛感)。
- 悲伤的时候，会有泪水涌出。
- 感到幸福和爱的时候，会有一股暖流从心脏流向整个身体。
- 虽然恐惧会让我们惊呆，但其能量也会向外流向我们的腿脚，让我们做好逃离的准备。

但内疚感和羞耻感截然不同。这些情绪的能量流向是相反的，由外向内，导致我们想躲起来，不让别人发现。但不管它们的"流向"如何，当你学着注意它们时，你会发现情绪总是在流动。

"用心关注身体上的情绪体验，并创造一个内部空间，让我们的情绪能够主动浮现，沿各自的方向流动。"在布莱恩的案例中，当他关注到自己内心的动向时，他正在慢慢接纳自己的愤怒。它首先表现为一种隐隐约约的烦躁感，进一步观察后表现为胸口的紧张。当他专注于这种紧张感时，这种紧张感就会渐渐消散，取而代之的便是愤怒感，随着他的体温上升，这种愤怒感表现为皮肤发热。当他与这种感觉同在时，随着愤怒的释放，他体验到了一股能量。

专注于自身情绪，其实并不困难。我们既不需要因此付诸努力，也不需要因此无所不晓。我们所要做的就是活在当下，并细心观察。这种相处之道有些类似于正念冥想中的呼吸练习，任何练习过冥想的人都知道，专注于我们的呼吸会产生有趣的效果，既缩小了我们的注意范围，同时又提高了我们的意识和参与程度。当我们专注于自身感受时，会发生同样的事情，对自身情绪微妙之处的观察会更加细致，体验也会因此加强。

以这种方式专注自己的情绪还需要一些练习，因为你会很容易分心，担心过去或未来，或者陷入"解决问题"的模式。当你发现自己在做这些事情时（就像布莱恩意识到自己偏离了自己的想法时所做的那样），只需要将注意力重新集中于你所感受到的体验。不管是什么，专注于它并观察会发生什么。如果你在与自己的体验建立联系的道路上迷失了方向，就把自己带回到当初触发情绪爆发的事情上，不管是别人的一句伤人的话，还是一个充满爱的时刻，又或者是你最终达成的目标，将这个过程视觉化，去聆听，去触摸，去品尝，慢慢尝试去接受，去包容自己的情感体验。

以下是对之前建议的总结，这将有助于你专注于自己的情感体验。

集中注意力

- 安静下来，倾听内心的声音。
- 将身体的情感体验在身体上定位，并专注于那个地方。
- 不引导事情的走向，只是去看、聆听和观察。
- 当注意力游离时，提醒自己回到当初感受到的情感体验中来。

一步一个脚印

"布莱恩，看来你心里装了太多的事情。"我说。

"是啊，感觉有点压抑。"他承认道，脸上露出焦急的表情。

"放慢脚步，一步一步来吧。"布莱恩叹了口气，似乎松了一口气。我继续说道："首先，再跟我说说内心这股能量是怎么回事吧。"

"这个嘛……我觉得……好像我想要大喊大叫。"他承认道。

"你是说你想用激烈的言语来报复？"我问道。

"是啊，就好像我想要对自己母亲恶语相向。"

"我能理解你为什么想这么做。"我说，"但去感受你的愤怒并不是要你把它释放出来，至少现在还不是，而是要真正让自己身体去感受内心所有的东西。"我等了一会儿，让他沉浸其中，然后建议道，"试着接纳内心所发生的事情，现在你的身体发生了什么变化？"

他再次专注于调整自己的内心体验，说："我不知道，但好像体内积聚了很多股能量。"

"它们想冲去哪里？"

"我觉得我需要做一些事情。"说这句话的时候，布莱恩双手不自主地挣扎着，好似在强行推开什么东西。

"好吧，我们停下来看看你的手是怎么回事。"

布莱恩看了一会儿自己的手，好像发现了什么他不知道的东西。"手有些发麻。"他说。

"当你与这种感觉同在的时候，你想做什么？"我问道。

"我……我发现自己……好想发火。"忽然，他脸上露出了担忧，并断言，"但我绝不会那样做，我不是一个有暴力倾向的人。"

"我知道你不是，这没什么好担心的。我更关心的是你是否允许自己去充分感受自己的情感。"

和许多人一样，布莱恩可能会因愤怒产生的冲动而感到不安，但这种想发火的冲动在生理学上完全是说得通的——这便是"战斗或逃跑"反应中"战斗"的一面，其与我们身体系统紧密相连，动员我们去对抗所遭遇的伤害或攻击。对任何情绪情感来说，我们的目标并不是被动回应，而是学会如何容忍、接纳它，并放慢脚步，以它所是的方式感受内心的那份情绪情感。当感到愤怒时尤其应该如此。

我向布莱恩详细解释了他这方面的"固有"反应，然后补充道："我们需要做的是，给自己的情绪情感足够多的存在空间，而不是谈论你在现实生活中会做什么。当然你不能失去理智，诉诸暴力，那也是完全不被允许的。但是，能够包容自己的情绪，把隐匿于内心的所有东西都发泄出来，这对你能够以积极的方式处理好自己的愤怒是至关重要的。如果你不采取这种解决方式，肆意妄为的话，你依然会感到无能为力，并且完全解决不了问题。"

"好吧，我不想这样。"他说，眼神变得更加坚定。

"嗯。"我点点头，然后等他完全下定决心。"现在，如果回到与母亲的矛盾，你能深入自己的内心，并且让位于自己的情感吗？"

布莱恩看向一旁，注意力向内集中。他似乎已经触碰到了内心的情绪情感,他静静地坐了一会儿,然后回头看着我说:"我不知道该怎么办。我的意思是,它就在那里,我能感觉到它,但是……"

"只要注意到有什么就可以了。"我说,"深吸一口气,当你呼气时,让自己完全接纳那份情感,并主动去化解内心的那份冲动。敞开心扉,坦然面对一切吧!"

他深吸一口气,又吐出来,似乎释放了些什么。他感受到了这股力量,然后看向我,脸色十分红润,说:"哇!感觉所有的能量都从我身上一股脑儿地冲了出来。"

放慢脚步

如果布莱恩依旧以惯用的方式盲目压制自己的情绪情感,那么他的情绪体验充其量只能算是肤浅的、毫无成效的。此时,内心的愤怒会被部分埋藏起来,并会持续发酵。但是,如果他能放慢脚步,一步一个脚印,就能感觉到自己的内心得到升华。

情绪情感是多维度的,需要花点时间才能完完全全深入了解它们。当我们匆匆忙忙地去敷衍了事时,我们身体内一种默认的倾向就会让我们错过情绪情感的微妙之处。然而,只有当我们感受到了情绪情感的复杂性,我们才会受益匪浅。

令人惊奇的是,在这一刻放慢脚步,能让我们更专注于我们的情绪体验。放慢脚步可以帮助我们

- 减少焦虑
- 更充分地融入当下
- 更容易注意到情绪情感的细微差别
- 将情绪情感体验分解成更细微的、更可行的部分
- 扩大和加深对情绪情感的体验

通过放慢脚步，布莱恩正在培养一种被称为"参与式观察"的正念。他既在观察自己的情绪和身体的感觉，同时也在体验它们。首先，他意识到体内的能量正在积聚，接下来，他注意到有一种想在言语上报复的欲望，紧接着就有一种想做某事的冲动。当他进一步仔细地观察时，他感觉到自己的双手发麻，当更仔细地察看时，他感觉到自己有想要发火的冲动，最后当他与自己的情绪同在时，他注意并感觉到一股爆炸性的能量。这种参与方式加强了布莱恩对自己的愤怒及其不同层面的认识，让他的愤怒得到更充分的体现。同时，他生气时无法遏制的爆发也转变为一个可控的即时过程。

有时候，我们可以将自己的感受看成影片，可以"一帧一帧"地去体验自己的情绪。例如，你先将一种体验视觉化，然后慢慢地在脑海中播放出来，每次出现时，你都积极地去深入探索一次。你随时都可以按下暂停键，停止影片，去细细感受某个特定的片段。这样，你就可以放慢体验的速度，静静思索自己的情绪，并尝试接纳它们，然后在你觉得准备好的时候再继续前进。

以下是一些其他的建议，可以帮助你放慢脚步，并接纳自己的情绪。

放慢脚步

- 多花点时间去感受情绪的复杂性，注意并体验其每个维度（质地、广度、深度、强度等）。
- 专注于自己的情绪，搞清楚这种情绪会带来怎样的影响、怎样的后果。保持这种状态，并看看会有怎样的变化。
- 每当注意力游离或不在状态时，重新定位到"现在的情感体验，并用心感受"。

让 步

我有许多童年时全家在泽西海岸度假的美好回忆。大海的味道、海鸥的声音、赤脚走在沙滩上的感觉，那些都是我夏天的最爱。每天大部分时间，我都和姐姐们在海里玩耍，走到很远的地方，直到可以被海水托起，在翻滚的海面上漂浮，等待"大浪"的到来。可以确定，浪头肯定会来，在远处我们便可以看到它的身影，越来越大，越来越近，朝我们奔腾而来。那一刻，我们才知道，我们所能做的只能是随着浪花在海水中上下起伏，乘着海浪冲往岸边。当然，这听起来有点吓人，但大多数情况下，我们乐在其中。

有时，当我们放慢脚步，活在当下，情绪就像轻柔的海浪轻轻地进入我们的意识。有时，它们又是如此强烈，就像袭向海岸的巨浪。这时，最好的办法往往是顺其自然、顺势而为。当悲伤时，我们便接受这种痛苦；当喜悦时，我们便接纳这份欣喜；或者，就像布莱恩一样，当感到愤怒时，我们便给内心的能量冲动让步。我们会因此感到害怕，但没有关系。毕竟，没有人会溺死于情绪的浪潮中，而且，更重要的是，这段经历会让你更具潜力，能拥抱更好的未来。

让步是一种开放的品质。与其让自己变得更强大或为情绪挣扎，还不如让自己的感觉变得更柔软，任其冲刷我们，洗礼我们。当你感觉到情绪情感的能量逐渐在体内增强时，轻轻地鼓励自己去感受自己的情绪情感，深吸一口气，当你呼气时，让情绪情感的能量流动起来，想象自己正处于一种开放的姿态，双臂张开，迎接情绪情感的到来，感受它们向你走来时的脚步，让它们填满内心的空缺。

当感受到很困难或难以接受时，一个值得信赖的朋友或亲人的支持也会温暖你的心灵，他们可以陪伴在你身边，引导你处理好糟糕的情绪体验。当然,这个人必须让你感到安全和舒适,与他待在一起时你能无所不谈。

　　以下,有一些指导原则可以帮助你敞开心扉,精准定位你的情绪情感。

让　步

- 当能量在体内聚集时,鼓励那些感觉出现。对自己说,让这些感觉来吧! 或简单地说,让它来吧!
- 深吸一口气,沉浸在这种情绪之中,让自己完完全全地被包围。
- 想象自己温柔地、放松地进入这种情绪之中,让自己就这样做。
- 当你在情绪的波浪中徜徉时,保持呼吸和开放的心态。

关于愤怒的一些话

　　当布莱恩感受到自己的愤怒时,一股愤怒的能量在他的体内翻腾,有一种想发泄出来的冲动,但他并没有离开椅子。由此可见,情感体验是内在的,而情绪表达是外在的(这也是下一章的主题)。

　　当我和人们谈论起需要学习如何充分体验自己的情绪时,总会有人问愤怒是不是一个例外。其实,愤怒和其他感觉没有什么不同,但正如这个问题所暗示的那样,它是一种一直被误解的情绪。

　　我们中的许多人都错误地将愤怒等同于不健康的、具有破坏性的情绪。对一些人来说,只要提到"愤怒"这个词,就会联想到大喊大叫、打人、打碎东西，等等。理所当然地，人们会疑惑，这又有什么用呢？这些和其他攻击性行为是由某种情绪体验产生的，人们只是试图通过把愤怒发泄在某事或某人身上来释放这种情绪，也就是所谓的"出格行为"。这样的行为是被动的，因为内心没有足够多的空间来容忍和控制这种情绪，所以必须从外部表达出来。但这也是一种误导，因为它对消除愤怒没有什么用。事实上，大量研究表明，发泄愤怒（例如，尖叫、捶打枕头或向某人发火）只会加剧和延长这种情绪。[4] 简而言之，这样只会让我们更加愤怒。

像布莱恩所做的那样，用心地去感受并学会容忍内心的愤怒，以达到一种前所未有的境界，如此，会帮助我们控制好自己的情绪，并赋予我们某种力量，能够以一种有效的方式积极使用它。正如一行禅师常说的，"接纳你的愤怒，因为你知道，你明白，你可以处理好它；你可以将它转化为正能量。"

乘风破浪

"就像一场大爆炸？听起来非常激烈。那是一种什么感觉？"我问道，想让布莱恩充分感受他的愤怒。

"我能感觉到一股能量在我体内移动。"他说，"好似一股股热流。"

"保持这种状态，任其流动。"

布莱恩静静地坐着，专注于内心，渐渐包容这种愤怒。我想知道他对母亲现在的看法，毕竟，正是因为和她的交流才产生了这些感觉。对布莱恩来说，自己感受到这些情绪与母亲有很大关联。"布莱恩，当这些感觉开始浮现时，回忆一下与母亲通电话的情形，想象她对这种愤怒的冲击会有什么反应？"

他停顿了一下，然后说："我看到她回过神来，脸上露出惊讶的神情。"

"那是什么样子？"

布莱恩停顿了一下，想了想，然后说："这让我感觉……很有力量。"他叹了口气，坐直了身子，"我再也忍受不了她了，她一直压制着我，一次又一次地伤害我，我受够了！"

这种态度与之前截然不同。通过释放出自己的愤怒，布莱恩发现一股未知的力量和一种明晰的感觉一直困扰着他。他能充分感受到这些，这是非常关键的，这样，他就能在生活中更好地利用它帮助自己逃离困境。带着这样的想法，我问他："你内心的感受是什么？"

"我觉得自己变得更加强大了，而她却变得不再那么有压倒性了。"他说，看得出来，他有种藏不住的喜悦。

布莱恩笔直地坐着，微挺着胸膛，眼神坚定——这与他在治疗开始时的样子形成了鲜明的对比。

"变化太大了，简直不敢相信！"我说，"你的母亲使你压抑自己的想法和情绪已经太久，太久了……"

"赶快告诉我吧！"他又叹了口气，"终于解脱了。"

布莱恩好似已经到达愤怒浪潮的彼岸。我说："太棒了！尽情去享受这种如释重负的感觉，大口呼吸，细细回味吧！"

我们在这个地方一起坐了好一会儿，完全沉浸其中。但后来好似有股不同的能量在布莱恩体内隐隐作祟。我问他察觉到了什么。

"其实，我现在的感觉也很难过。"

"是啊，我看得出来。该来的总会来，布莱恩，这也是你情感经历的一部分，无法逃避。"

"我的意思是，我的母亲有时会非常胡搅蛮缠……但我欣慰的是，平时软弱的我竟也能对此感到愤怒，但是……"他说，眼眶里盈满了泪水，"其实……我真正想要从她那里得到的……是她的爱。"

深入风波的本质

布莱恩正经历着情绪能量的转变。他坦然面对自己愤怒的情绪，并慢慢包容它，通过这种方式他很快升华到了一个崭新的境界，让自己焕然一新。他不再被恐惧或无望的感觉所摧残，他感觉到了一股神秘的力量，并决心迎难而上。

当我们能够坦然面对自己消极的情绪，并真心给予积极回应时，我们便会触碰到内心丰富的感情。正如精神病学家、乔治城大学教授诺曼·罗森塔尔在《情绪革命》一书中所描述的那样，我们的情绪会给我们带来惊喜的"礼物"。[6] 比如，恐惧给我们带来智慧，悲伤给我们带来治愈，内疚我们带来悔恨，羞愧给我们带来谦卑，快乐给我们带来成长，爱给我们带来亲密和牵挂。而正如布莱恩所察觉到的，愤怒带给我们清晰感和力量，所有这些"礼物"都促使我们以健康的方式勇往直前。

然而，如果我们开始深入感受自己的情绪，然后又临阵脱逃，那么这些"礼物"于我们来说就是百无一用的。半途而废亦是徒劳，我们需要乘上通向内心深处的小舟，随着浪潮一直到达岸边。

但是，我们怎么知道什么时候才能到达呢？

当我们一路深入自己的内心，直至完完全全领略到自己所有的情绪，我们的身体内部就会经历某种神奇的转变，可能非常明显，也可能非常微妙，但在某种程度上，我们会感到身心高度放松，或者，像布莱恩那样，一种解脱感油然而生。我们复杂的情绪不再争先恐后地急于释放出来，我们也不再挣扎着去抵御它们，体内的能量也会自然而然地流动。在充分体会到自己的真实感受之后——无论是愤怒、喜悦、悲伤、恐惧、愧疚、羞耻，还是爱，我们的内心会或多或少发生一些转变，身体也变得轻盈起来,那是一种如释重负,怡然自得的感觉。而且,在触及核心情绪之后,我们会体验到一种极为真实的感觉。即使这个过程困难重重或苦不堪言,但我们因此可以正确地把握住自己的情绪,知道我们正在做什么或已经做了该做的事。

如果你深入感受自己的情绪有一段时间了,但仍然觉得内心嘈杂不安,或者没有经历任何转变,那可能是不止一种情绪在作祟。正如心理学家和哲学家尤金-根德林在他的《专注》一书中写道:"任何让你感觉糟糕的事情都不可能是事态转变的最后一步"。这说明你需要进一步去探索。

当你感觉停滞不前,几乎没有任何情绪波动时,可能你一直关注的实际上是一种防御性的情绪,正在掩盖内心潜在的核心情绪。这时,试着将更明显的情绪放在一边,看看自己能否感觉到其他的、隐藏得更深的情绪。当你能够触碰到内心最深处时,体内的能量阀应该已经被打开并开始流动,然后你就会察觉到自己的情绪接下来会产生怎样的变化。

当你的情绪不容易发生转变或改变时,另一种可能性就是,这种情绪可能是你早期的一些经历所埋藏的种子,而不是现在产生的,它们可能与过去悬而未决的事情相互联系,这些情绪也需要被发掘、处理和治愈。例如,布莱恩所经历的悲伤(本章前面所描述过的)的根源可以追溯到他的童年。当他努力控制住内心激荡的情感时,童年时期的记忆便被打开了——从学校的颁奖典礼上回到家,看到的是毫无反应、冷漠无情的父母——这便打开了一扇通往隐藏情感的源泉之门,治愈的过程才得以开始。如果你所关注的情绪与陈年往事相关,对此有些熟悉,或者与当前的情况不相匹配,可以尝试以下做法。在与内心的情感体验保持联系的同时,让自己的思绪飘回到第一次有同样感觉的时候,并将当前的感受作为通往过去的"桥梁"。当你向内集中注意力时,记得留意任何可能出现的记忆、感觉和其他情绪，并尝试保持现在的状态，很快，你的情绪很可能会开始在体内游走，接着你便可以开始处理这种情绪，看穿它们的本质，达到一种治愈且崭新的境界。

有时候，当我们通过一种情绪去感受时，我们会发现体内还存在其他情绪，正如布莱恩在感到愤怒之后所发现的那样，他也会感到悲伤。他被母亲劈头盖脸的指责打击得体无完肤，也为母亲不能对自己敞开心扉和表达简单的母爱而感到痛苦不堪。通过循序渐进地感受和探索自己愤怒的情绪，布莱恩能够察觉到自己的悲伤，并独自承受这份伤痛。在努力克服了悲伤之后，布莱恩有可能也会发现爱的感觉，这就是我们情感经历的复杂性。

这里有一些建议可以帮助你看清自己的情绪。

看清情绪

- 鼓励自己坦然面对自己的情绪，保持开放的心态，充分感受这种情感经历。

- 回到这种情绪本身——花点时间与它同在，让其慢慢展开，直到你完完全全沉浸到自己的情绪之中。

- 如果感觉这些情绪很熟悉，或与现状不相匹配，试着用它们作为桥梁连接过去和现在。在与情感经历保持联系的同时，时不时地让自己回溯到过去，看看是否能发现其源头。试着对任何可能出现的记忆、感觉和其他情绪保持开放的心态。

- 认真审视自己，倾听自己的内心，去感知还有什么存在。扪心自问，这就是所有的吗？还有什么其他的吗？还有什么呢？坦然面对这一切吧！

自我反思

在完全摆脱了他的情绪之后——他的愤怒和悲伤,布赖恩需要花一些时间来反思他的经历,倒退一步,看看他做了什么,对他来说是什么,以及他学到了什么。他谈及直面自己的愤怒有多么困难,感觉有点可怕,但他能够精准地把握这种情绪。他可以更清楚地看到,孩童时期的经历让他在情感上受到了多大的挫折,但他也可以看到,通过面对自己的恐惧,他是如何做出改变的。他接着说:

> 在这个过程中,我们越深入,我就越明白我有多憋屈,有多害怕有自己的情绪。我没有意识到我有多痛苦,我有多想逃避,想把这种情绪全都塞回去。我以为这样会让我重新找回自我,但事实并非如此,而恰恰相反。但现在我感觉比以前更通透了,心情更舒畅。主动去感受这种愤怒的情绪,让其完全展现,是一件不容易做到的事情,但这会让我们感觉更自由。而且我为自己感到自豪,因为我做到了,恐惧再也阻挡不了我,同时,我也会满怀希望,更加坚信,无论何时自己都可以做到。我不再感到压抑,如果我不断努力,自己也会变得足够强大,未来也会是一片坦途。

反思这一路的磨难,明白这一切的意义,是这个过程中必不可少的部分,帮助我们真正体会到我们所思、所想、所为的重要性,我们正在直面我们的恐惧,正在扭转局面,正在释放自己,拥抱更美好的生活。反思整个过程可以让我们对这种崭新的、截然不同的存在方式产生敬畏之心,并更充分地将其融入我们的自我意识中。当我们停下来发现我们在不断进步时，我们会察觉到自我反思带来的益处是无穷的，自我境界也会因此有所升华。

从我们大脑的工作方式来看，自我反思可以让我们左脑的"理性"功能参与这个过程。就像光有洞察力是远远不够的，改变不了任何东西，没有实践，只有知识往往也是劳而无功的。左脑帮助我们认知和理解我们的经历，例如，当我们反思自己的所作所为时，我们可能会想，"我很害怕自己的情绪，是为了避免这一切而做了这些事情。但当放慢脚步，直面自己的情绪时，它并没有我想象的那么可怕。我正在学习如何扭转局面，我可以做到，我可以处理好自己的情绪。"这种方式促使我们反思自己的经历，可以将我们的右脑（情绪体验）和左脑（认知）结合在一起，形成新的神经连接。[7]这是我们自下而上认知过程中的"上"的部分，有助于我们的大脑重新布线。

简单地花一些时间反思和理解自己的心路历程，只需要这么一点努力，但有极大的成效，何乐而不为呢？以下一些建议，可以帮助你反思自己的情感经历。

反 思

- 找一个安静的地方，反思自己的体验。让自己倒退一步，用心感受它的完整性。
- 自己思考自己做了什么，自己的情绪体验是什么，又是如何发生的。
- 将之前的感觉与现在的感觉进行对比，注意可能出现的任何变化（例如，身体上的感觉，对自己的看法，等等）。
- 在日记中写下自己的经历和对自己的认识。

照顾自己的情绪

　　我们的情绪需要关怀，而关怀需要时间。当我们关心自己的情绪时，我们就会坦然面对，给予它们一定的空间和关注。我们可以察觉到它们的存在，放慢脚步，敞开自己的心扉去用心体会它们的全部。

　　想象自己正在观看一部情感表达强烈的电影。你在影院的座位上坐下来，但还未沉浸入电影中，还在操心生活琐事。然后，在电影开始后不久，时间似乎慢了下来，过去和未来消失得无影无踪，你面对银幕，更清晰地看到屏幕上放映的东西。你发现自己正在密切关注，积极地融入其中并关心屏幕中的角色。当危险发生时你会感到恐惧，当取得成功时你会感到喜悦，当播放到柔情的一幕时你会感动，当播放到悲壮的一幕时你会感到悲伤。电影不是瞬间发生的，它需要时间，一帧帧、一幕幕地上演。但当你留恋，沉浸其中时，你就会被带入一段精彩纷呈且动人的心灵之旅。

　　在我们的生活中也会发生同样的事情。当我们给予情绪情感应有的回应时，当我们尊重自己的情感经历并完全看透其本质时，我们就会把情绪情感转化为正能量。但是，即使这种经历对个人来说是令人欣慰、令人满意的，有时我们也会获得一些自我满足感，但往往我们还是希望能够与他人分享。事实上，情绪也会促使我们这样做。在下一章中，我们将探讨如何更容易地表达我们的情绪，并利用其与他人建立联系，变得更亲近。

本章要点

- 当充分感受自己的感受时,会发现情绪不会一直持续,会经历开始、发展和结束三个阶段。

- 我们需要主动察觉并包容自身情绪原本的模样。

- 倾听内心的波动,可以帮助我们释放情绪的能量,使得能量在体内积极流动。

- 情绪是多方面的,我们需要感受到它们的复杂性,才能因此获益。

- 在某一时刻,最好的办法往往是对我们的情绪做出"让步"。

- 要明白感受情绪和表达情绪是两码事。

- 当我们对自己的情绪保持开放的态度,并真正给予应有的回应时,我们就能感受到内心丰富的情感,并受益匪浅。

- 当我们深入自己内心,感受到完整的情绪时,我们身体会有所改变,一种自由感和解脱感便会油然而生。

- 试着接纳某种情绪,并处理好这种情绪,有时可能会给其他隐藏的情绪情感腾出空间。

- 反思自己的情感经历,可以巩固我们的成果,重塑我们的神经网络。

第七章

第四步:接纳情绪

有朝一日你会发现,包裹严实藏在花苞中,要比尽情盛放更加痛苦。

——阿奈斯·宁

妮娜松了一口气。她的活检结果是阴性的。"没啥好担心的。"医生说。

"我终于可以把这一切都抛诸脑后了。"妮娜离开诊所时心想。她不假思索地掏出手机想给她最好的朋友玛姬打电话，但又停了下来，突然觉得很不爽。"她明明可以给我打电话啊。"她想，于是便收起手机。

在她预约咨询之前的那个周末，她一直备受煎熬。妮娜试着分散自己的注意力，但还是不停地担心——脑子里浮现出不同的场景，令她感到不知所措。相比患上癌症，她更害怕孤独。她的朋友们并没有像她所希望的那样陪伴在她身边。虽然妮娜对他们都很失望，但最痛心的还是玛姬的缺席。妮娜曾以为就算所有人都离她而去，玛姬也会一直陪着她。毕竟，如果角色颠倒，她会一直在玛姬身边。但自从妮娜发现乳房里有肿块后，玛姬就变得异常疏远了。"我知道这对她来说可能也很可怕。"妮娜想，"那我呢？我才是要经历这些的人。"

几天过去了，玛姬终于打来了电话，听到妮娜没事，她很高兴，还在想什么时候能再聚在一起。一方面，妮娜很高兴终于收到了朋友的问候，但另一方面，她还是觉得很痛心。她想哭，想和朋友倾诉自己的悲伤，但她忍住了，不敢表露自己的真实感受，也不敢让玛姬回到她身边。

一个星期后，她们共进午餐，妮娜在想玛姬是否会对她不早点打电话的冷漠行为说些什么，或者道个歉，但玛姬并没有。当玛姬喋喋不休地说这说那的时候，妮娜感到很不满，她很想对玛姬说些什么，但一紧张，便退缩了，因为她担心玛姬的反应。也许现在不是说这些的时候，她想着，试图把自己的情绪压在心里。

但她愤怒背后的痛苦并没有消失，在它周围形成了一堵墙，保护妮娜不受伤害……但也把玛姬挡在外面。

害怕等相关情绪

　　妮娜不敢让玛姬知道自己的感受，如果她能坦诚相待，敞开心扉分享自己的情绪，也许玛姬会理解并道歉，也许会有所防备、愤怒或痛心，也许她俩会找到一个方法来共同面对难堪，弥合友谊的裂痕。至少，对妮娜来说，无论结果如何，她都能处理好一次具有挑战性的对话。然而事实是，妮娜把情绪藏在心里，继续感到怨恨、痛心和孤独，她和玛姬的关系也日益动摇。

　　不愿透露自己的真情实感，会伤害我们的人际关系。就像妮娜一样，我们不会告诉自己所爱的人，因为他或她做了或没做什么，使我们感到受伤。而是沉浸在悲愤中或置之不理，寄希望于时间，因为时间是抚平一切伤痛的良药。我们通过表现得很坚强或冷漠，来掩盖内心的害怕，或者变得有所防备，并隐藏内心的真实想法，例如指责批评、封闭自己或抽身而退。我们不惜一切代价避免暴露自己的脆弱，害怕会遭到批评或拒绝，或者会显得愚蠢和不受欢迎，害怕会失去所拥有的一切联系。

　　尽管恐惧心理是阻碍我们向他人敞开心扉的主要原因，但实际上还有更多原因。

　　向我寻求帮助的人，往往会感到沮丧和困惑，不明白为什么敞开心扉如此难，他们想让别人知道自己的感受，却又不敢表达，这实在太糟糕了。大多数人都认为这种恐惧是目前的困境导致的，但实际上，它起源于早期的人际交往经历，在这个经历过程中，责备或抛弃的威胁成了罪魁祸首。早期与监护人相处的经历，让我们不仅害怕自己的情绪，也害怕表达情绪带来的后果。在某种程度上，我们害怕分享情绪会威胁人际关系，像妮娜一样，由于害怕表达自己的痛心和愤怒会使玛姬做出负面反应，最终失去彼此之间的亲密联系，所以她选择把话都憋在心里。

但我们大可不必这样活着。正如我们可以改变对情绪的恐惧，也可以改变对他人反应的恐惧，只需要找到一种方法来面对它，并相信自己能够处理好表达情绪带来的后果即可。我之所以会这么说，一方面，是因为我们已经认识和理解了自己的情绪及其在生活中的重要性，另一方面，通过勤加练习，大多数人都能处理好自己的情绪，并最终感激自己能够做到直言不讳。

当然，我们选择与之分享情绪的人，在我们的生活中至关重要。如果他们没有准备好，或者不能活在当下，又或者不能就我们的情绪予以积极的回应，我们就不能走得更远。有时，分享情绪只会让事情变得更糟（如果有人无法容忍你的倾诉，甚至怀有敌意，那么我不建议你跟这类人分享，你得去找专业的心理治疗师寻求帮助）。但我们往往低估了朋友或亲人的接受能力和欣赏能力，而羞于表达自己的感受。甚至都不敢去尝试，从而丧失了获得更好生活的可能性。俗话说得好，不入虎穴，焉得虎子。

我无法向你形容，当我的来访者冒着风险在生活中向某个人敞开心扉时，他们对这一切的顺利进展感到多么惊讶。他们发现自己能够活在当下，并坚持到底，一切并没有他们想象的那么可怕。而且，同样重要的是，他们发现对方也跟自己一样。简而言之，他们找到了一种新的关联方式。

当然，有时候事情并不像我们想的那样顺利。毕竟，人际关系是复杂的，我们无法控制每次互动的结果，但可以学会最大限度地提高我们的感受被倾听和积极回应的可能性。我们可以提升确保自己活在当下的能力，可以从面临的挑战中学习和成长。第一步就是愿意敞开心扉，找到可行的方法。

我们之所以不敢与他人分享情绪，部分原因是不知道如何去做。我们不知道从哪里开始，不清楚自己想要什么或需要什么，不确定怎样才能最好地表达内心的想法。

一味地回避使我们无法发展理解和有效分享情绪所需的技能，这也难怪我们会感到困惑，不知道该怎么做，但我们可以学习。本章列出了一个详细计划，你可以用它来帮助自己在这个全新的领域中前行。你还会学到一些有用的技能，通过勤加练习，当你敞开心扉与他人分享情绪时，你的前进道路会更加平坦。

准备开始

与他人交流情感的第一步是了解自己的情绪。当我们花时间放慢脚步，用心去适应情绪时，就会发现它内在的智慧——当我们能够充分体会情绪时，它就会成为我们可用的众多"资源"之一。仔细聆听，你会惊讶地发现它告诉了我们许多东西，像一位智者一样：

1. 传递信息
2. 提供见解
3. 指点迷津

通过与这些方面的联系和思考，我们提高了自我意识，加深了自我理解。这样做也能让我们了解自己的欲望和需求，就能更好地对接下来的发展方向做出明智选择。

让我们仔细看看，当我们关注情绪的智慧时，能从中学到什么。

信 息

情绪让我们能够辨别事物的对错，生活什么时候是一帆风顺的，什么时候不是。当我们能够充分感受自己的情绪并与之协调一致时，它所传递的信息通常是简单而清晰的。以下是一些常见主题：

- 愤怒让我们知道自己在某种程度上被冒犯了
- 爱让我们知道某个人或某件事对自己很重要，我们彼此相连并深深关心
- 恐惧让我们知道自己处于危险之中
- 幸福让我们知道自己的需求得到满足，事情进展顺利
- 内疚让我们知道自己正在做或已经做错了什么
- 羞耻让我们知道自己正感到过度暴露和脆弱

理解情绪的核心信息是弄清我们想要如何应对的第一步。这不是去思考，而是去联系，联系情绪与它们告诉我们的东西。要做到这一点，就需要花些时间去倾听情绪所传达的信息。例如，妮娜的悲伤就是一个信号，告诉她哪里有些不对劲。当她关注这种感觉，想一探究竟时，就能让她知道她的朋友们都退缩了，玛姬也消失了，这让她感到无比痛心。此时，她也更清楚地明白了自己为何如此心烦意乱。

你可以使用信息工具来帮助自己了解，情绪说明了什么。

信息工具：你想告诉我什么

当你考虑是否要与他人分享情绪时，花点时间听听它们的声音。

1. 静下心来，走进内心，专注于自己的情绪。

2. 问问自己的情绪，它们想告诉你什么？它们在传达什么信息？它们想让你知道什么？

3. 给自己一些空间，听听情绪的回应。一时半会儿没有的话，就让自己保持开放的心态，这样当它来的时候你就能立刻感知到。

观　察

　　一旦了解了情绪所传达的基本信息，下一步就是辨析是否有潜在的需求。如果感到生气，实际是需要什么？如果感到快乐，我们想做什么？如果感到害怕，什么能让我们感到安全？情绪知道什么是对我们最好的，因此可以引导我们找到解决这些问题的方法。例如，以第四章中朱莉的父亲为例，当朱莉打电话给他分享好消息时，如果他反思一下自己不愠不火的反应，并能够为自己没有更多地关心女儿而感到一丝内疚，也许他会后悔自己的行为或做出补偿。在第六章中，我们可以看到，布莱恩的愤怒表明，他需要被尊重，他希望母亲做出相应的回应。同样，妮娜的悲伤也是在告诉她，她需要让自己体会到朋友不在身边的痛苦，希望玛姬能站出来，同情她，并为没有陪在她身边而道歉。

　　如果妮娜能放下戒备，认清自己的所需和所求，她可能会敞开心扉跟玛姬沟通，从而有机会得到她渴望的关心。但她没有这样做，除了担心玛姬的反应，妮娜还对自己是否需要情感关怀感到矛盾。当然，不止她一个人这样。

　　许多人认为，任何形式的依赖都是软弱的表现，作为成年人，我们应该在情感上自给自足，不需要别人的支持或安慰（更别说承认我们需要了）。尽管这种想法在西方文化中很流行，但与我们当今对人性的理解背道而驰。

　　正如依恋理论家约翰·鲍尔比所解释的那样，大量的研究已经证实，我们对亲近、安全和关怀的需求是基于生理的，它们不仅存在于童年时期，且贯穿一生。[1] 我们成长和发展的能力依赖于与他人建立密切、相互的联系。能够依赖和利用他人的情感关怀——可称之为"健康依恋"，这是力量和复原力的表现，而非软弱。

　　虽然这样做可能需要勇气，但承认情感需求仅仅意味着我们和其他人一样，我们也是人。我们要认清这一点，并尝试聆听自己的心声。毕竟，如果自己都不认真对待自己的需求，又有谁会呢？否定它们，只会让痛苦持续下去，最终会一直感到悲伤、愤怒或恐惧。欲望和需求所产生的情绪会不断出现，直到我们听从它们的呼唤，并采取行动来解决它们。回应自己的欲望和需求可能意味着要与我们所接收的社会信息、家庭中学到的教训或脑海中听到的批评背道而驰，但这是与他人重新建立真实联系的唯一途径。

你可以使用"观察工具"来帮助你识别可能遇到的任何潜在欲望和需求。

观察工具：我到底想要什么？

1. 把评判搁置在一边，让批评的声音安静下来，调整好自己的情绪。

2. 问问自己，我想要什么？我需要什么？我的心愿是什么？从亲身经历中寻找答案。

3. 当你意识到自己想要什么时，试着说出来，看看是否如此。如果没有找到答案，不妨再试一次。你不用去想要做什么，或者如何做（我们将在下一节讲到），只需要承认并接纳它。例如，如果妮娜能倾听自己的情绪，把内心的想法说出来，她可能会说："我想要玛姬知道，她的缺席令我多么失望，希望她能向我道歉。"

引　导

一旦了解情绪在传达什么，并确定它到底想要什么，我们就可以断定是否回应、如何回应。有时,我们可能只是意识到自己的情绪后便藏在心里,因为不是所有的情绪都需要表达出来。例如,我们可能因为没有多花时间陪伴心爱的人而感到内疚,但随后会做出弥补。或者,我们可能会为今天是个好日子而感到高兴,并满足于独自品味这段经历。

其他时候,情绪会促使我们采取行动。一般来说,这就是它们出现的原因。正如丹尼尔·戈尔曼在他的开创性著作《情商》中所解释的那样,"所有的情绪在本质上都是行为的冲动,是进化灌输给我们应对生活的即时计划"。情绪让我们做好了应对的准备,就像指南针一样,为我们指明方向,最大限度地提高了我们处理任何事物的能力。例如,愤怒让我们准备好保护自己,快乐推动我们敞开心扉,而恐惧则促使我们逃避。一旦我们发觉并感受到自己的情绪,就可以做出选择:是否对它们采取行动。

在这之前,我们的主要关注点一直是扩大体验和感受的能力。但在这个过程中,我们已经到达一个新阶段,那就是需要不同方面的情感正念。为了是否就情绪采取行动而做出最佳决定,如何回应,确实需要深思熟虑一番。

有时,我们可能会选择简单地遵循情绪的指示。例如,悲伤可能会告诉你,该花点时间去伤心了,于是我们照做了,放慢脚步,转向内心,给自己一些空间来哀伤。但是,当涉及分享情绪时,往往还有其他因素需要考虑。问问自己吧,这样可以帮你弄清如何更好地去做。比如说:

- "我的目标是什么? 我想改变什么? 怎样才能实现这个目标?" 目标往往与我们的需求有关。假如我们想离所爱之人更近一些,那么更深入的联系就是我们的目标,而分享情绪则是实现这一目标的答案。
- "有什么问题吗? 分享情绪能解决它吗?" 例如,在第六章中,布莱恩母亲的行为就有问题。只有当她认识到，布莱恩无法接受，且不会再容忍这种行为，才有可能会改善状况。但话又说回来，如果他的母亲太过封闭，听不进他的话，可能就没法改善。布莱恩需要考虑什么样的回应才是最有利的，然后再决定如何去和母亲沟通。

- "我想如何应对？我想做什么？这样的行为是否符合我的价值观？"例如，你可能会有责备别人的冲动，但是好好讲道理可能更符合尊重他人、诚信待人的价值观。

- "这是最佳时机吗？还要再等等吗？"有时我们需要等到一个更合适的时间或地点来表达情绪。假设在社交活动中，一个朋友说了一些令人不快的话，最好等到事后再谈，这样可以私下处理。

- "我和这个人在一起有安全感吗？他值得我信任吗？这个人会尊重我的感受吗？"敞开心扉时的安全感是至关重要的。我们需要考虑自己是否充分信任对方，从而冒险吐露心声。同时，情感流露可以建立信任。有时我们需要赌一把，看看情况如何。

有时，当我们注意到自己的情绪时，很容易找到最佳行动方案。正如梅洛迪·贝蒂在她的《快乐生活的 50 个秘密》一书中所解释的那样，当我们让情绪引导自己时，"我们自然而然地知道下一步该做什么，就像魔法一样。"但在其他时候，我们需要给自己留出一些空间，停下来反思一下，想清楚要做什么。幸运的是，我们有情绪的集体智慧在侧，照亮前进的道路。你可以使用本节中的问题来帮助自己决定如何进行。此外，"指导工具"将我们迄今为止所涉及的信息整合成一个三步走的过程，你也可以将其作为行动指南。

指导工具

1. 静下心来，走进内心，问问你的情绪，它们想告诉你什么。
2. 当你聆听情绪时，注意是否需要实现任何潜在的需求。
3. 确定你的目标，思考哪种行动方案能帮助你实现它。

听从召唤

在最后一次见到妮娜的几天后，玛姬在她最喜欢的商店里购物。玛姬喜欢买便宜货，这是她和妮娜平时一起做的事，但妮娜今天太忙了，没时间陪她。至少她是这么说的。玛姬在衣架中穿梭，最后扫视一遍，确保没有错过什么好东西。眼角余光，有什么东西引起了她的注意，她转身一看，"那件衣服太适合妮娜了，她一定会喜欢的！"她心想。

当她停下来看时，玛姬开始想起早些时候她和妮娜在电话里说过的话。玛姬曾想把它抛诸脑后，但她总是感到有些不安。妮娜似乎心不在焉的，不太像她自己，甚至可能有点生气的样子。她说她"很忙""有事情要做"，但玛姬觉得不太对劲，事情远远没有那么简单。事实上，她们两个之间的关系已经有几个星期不太正常了。担心之余，玛姬在脑海中回想着，想知道是否说了或做了什么惹妮娜生气。

随后，她恍然大悟："她是不是因为我没有在她做活检的时候早点给她打电话而生我的气啊，一定是这样。"玛姬心想，然后开始感到生气。"她明知我当时很忙，为啥还这么小题大做呢？她这也怕那也怕，得好好克服一下自己了。"玛姬闷闷不乐，想把它忘掉，她付了钱买了东西，往车上走去。

163

事情的真相是，玛姬并没有忙到没时间给妮娜打电话。实际上，在妮娜拿到活检结果之前，玛姬一直惦记着她，担心会出大问题。"如果妮娜得了癌症咋办？我该怎么做呢？"这可把她给急坏了。

玛姬插上钥匙准备发动汽车，但由于心软，便停下来。她坐了一会儿，凝视着窗外，心里一直想着妮娜。"我敢打赌，她一定很伤心"，玛姬心想，一股沉痛的感觉涌上心头。每当这个念头悄然出现在脑海中时，她都曾试图打消为没有陪在妮娜身边而感到的内疚，但她再也忍不住了，"我这次真的是掉链子了。"她一直带着这种感觉，不知道该做些什么。忽然间灵光一闪，玛姬坐直了身子，"这太荒谬了。"她一边发动汽车一边想，"我得和她谈谈"。

言语的力量

有了这个意识，玛姬很好地利用了情绪的智慧。当她克服了最初对妮娜的懊恼后，她发现在内心深处，她其实为自己没有陪在朋友身边而感到内疚。她承认自己"掉链子"了，并为此感到很愧疚。一旦意识到自己的负罪感，玛姬就会想要弥补和修复受损的友谊。她准备通过和妮娜谈话来实现这个目标。

让别人知道我们的感受是敞开心扉的下一步。尽管事实胜于雄辩，但除非告诉他们，否则人们无法真正了解我们内心的真实想法——我们的感受和需求。而正如心理学家苏·约翰逊在她的《抱紧我》一书中所指出的那样，"事实上，如果不让我们的'所爱之人'充分了解我们，就永远无法建立起真正强大、安全的联系"。把感受说出来，是沟通内心所想和建立亲密情感关系的最有力的方式之一。

其实，言语有时可能是最重要的。我的一位老来访者最近跟我说，她的丈夫多年以来，在整个婚姻史从未道过歉。虽然她能感觉到，当丈夫使她伤心时，他是有悔意的。也能感觉到，如果丈夫把他的感情用语言表达出来，比如说句"对不起"，就会失去那种亲密感。同时，她不愿向丈夫表达自己的感受，也不向他索取想要的东西。这是多么可悲啊，即使两个人在一起这么久了，仍然很难对彼此敞开心扉。

虽然这对夫妇的经历看起来很极端，但这并不罕见。很多人都难以表达自己的真实感受。我们往往不习惯表达内心更核心、更深层次的想法，也不知道这样做需要什么。不知何故，我们认为表达感受只是把它们从胸口或身体中释放出来。敞开心扉是件不同寻常的事情，与发泄不同，它引导我们用语言表达内心的感受和需求。主要目的是能够以一种尊重自己和对方的方式来表达自己。

表达自我

在表达自我的过程中，第一步就是表达情绪。我们之前已经讨论过这个问题；实际上，你在第五章中学到的为情绪命名的准则也可以应用在这里。例如，在说出感受时，尽量简化，坚持用两三个字的短语（"我很伤心""我很愤怒""我很害怕"等）。简短的话语可以产生强烈的冲击力，且几乎没有解释的余地。你肯定不想别人在你鼓起勇气敞开心扉之后，产生不必要的疑惑。为此，要使用指代基本情绪的词语，避免那些模糊或笼统的词语，如"好""坏"或"不高兴"。诸如此类的模糊词会让对方难以摸清你的情绪状态。同样，要避开常见的陷阱，你要谈论的是感受而非想法。记住，如果发现自己在"我感觉"之后说"想"或"这"，你很可能是在表达一种观点、判断或想法，而不是感受。谈论想法是可以的，但在表达情绪时就行不通了。

接下来，弄清为什么会有情绪。这一点通常与生活中的不如意（如亲人生病、找不到工作、想念好友）或与某人的互动（如朋友或深爱之人说了或做了一些让你感到愤怒、悲伤或恐吓的事）有关。在后一种情况下，主要是要对自己的感受负责，别去指责或批评对方，即使这个人可能是引起这种情绪的罪魁祸首，但归根结底，这是你的感受，与他人无关。

你要做的是用一种方式来表达你的感受，这种方式能最大限度地降低对方的心理防备，听懂你想表达什么。说话时尽量用第一人称和使用"我"来开头，有助于我们获得经验，使沟通个性化。另外，将陈述的重点放在引起情绪的具体行为上，而非个人身上（如，"当你打断我时，我很生气"，而不是"你让我很生气"），会让信息更容易被接受。这里有个好办法，即换位思考，想想如果你要说的话是别人在说给你听，你会想怎样去听。

为了让事情变得更好，你的需求得包含在话里。有时这部分是隐含的，例如，你可能只是想找一个有同理心的肩膀来依靠，能够谈谈你的经历并获得一些安慰。在其他时候，需求可能需要更加明确。例如，你可能直接需要安慰，需要尊重，或者需要认可。这一点极具挑战性，因为它意味着承认你很脆弱，有需求。

但不妨这样想：一般来说，我们的朋友和所爱的人都想帮助我们，但不一定知道我们到底要什么。除非告诉他们，否则他们怎么能知道呢？当我们想法表达出来时，就相当于为他们提供了有用的指导，使他们更容易做出回应。到目前为止，我们所讨论的准则在这里也适用：明确自己想要什么，尽量简化，使用"我"开头（"我希望你……"，"我想让你……""如果……我将感激不尽"），并以尊重、非指责的方式进行沟通。

这三个步骤具体应该怎么操作，我们再以第六章的布莱恩为例。如果布莱恩想让母亲知道他的感受，他可能会这样说。"妈妈，我很看重咱俩之间的关系，我不想为了礼貌而变得更加疏远你。就因为你的一句话，让我很生气，如果你能多在意我、尊重我，我会很感激。"布莱恩首先让母亲知道，他很重视他们的关系。然后，他表达了自己的感受，加以解释，并询问需要做什么才能改善这种情况。

这些敞开心扉的步骤，仅仅是一个行动指南，它们不是硬性规定，你也不必在做好准备之前就开始这个过程。在情感交流的领域里，有灵活的空间。利用好时间，边走边做。如果你想大声说出自己的感受，听听它们的声音和回应，可以试着写出来，慢慢习惯它们，直到它们看起来是正确的。重要的是，我们最终要找到一种方法来谈论经历。你可能会在路上跌倒，你可能会苦于组织语言，你可能需要站起来再试一次，但这就是建立和提高沟通技巧的方法，这就是你学会表达自己、学会沟通的方式。

用心沟通

即使我们做了充分准备，可能还是会害怕向他人敞开心扉。它让我们直面自己的恐惧，担心表达感受会引起负面反应，危及人际关系。但最终，沟通感受正是消除恐惧的先决条件。幸运的是，我们可以做些事情来缓解恐惧，让事情更容易向前发展。这种恐惧是过去遗留下来的，了解这一点可以帮助减轻强度，但练习情绪正念才是真正的缓解方式。

首先，你需要停下来，主动创造时间和空间，否则就没法真正做到敞开心扉。你会一直向前，错过和别人交流的宝贵机会，或者你会觉得很匆忙，而不给自己尝试的机会。你需要按下"暂停"键，从生活的忙碌中解脱出来，腾出一些空间来处理、感受和分享你的情绪。这并不是什么难事，毕竟，你可以在任何时候进行，散步时、吃饭时、开车时。你们可以约好一起，也可以更主动。几乎任何时刻都有可能建立更深的联系，只需下定决心去实现它，然后抓住眼前的时机即可。

接下来，放慢脚步，用你已经学会的一些方法来倾听你内心的感受：凝神静气，用心观察每时每刻的感受，提醒自己放慢脚步。

关注身体里发生的一切，可以帮助你更好地立足于当下（例如，感知自己站在地上，或坐在椅子上；留心一切身体感觉）。一旦立足，也要关注其他方面的感受，将注意力从内心发生的事情上转移到对方的反应以及两人之间发生的事情上。不断将注意力放回到正在发生的事情上，有助于你在此刻感到更加踏实，减少恐惧带来的抑制感。

放慢语速，从容地说话能让你静下心来，与内心做深入的沟通。当我们感到兴奋或焦虑的时候，通常语速会变快，至少我是这样的。发生这种情况时，就像在赶时间，更难坚守情绪阵地，也会增加焦虑感。放慢语速，让我们有更多的空间去感受和反思自己所说的话，这样做可以让情感表达真正地发自内心，虽然简单，却能产生强大的效果。

眼神交流也能让我们更直接地进入当下，虽然有时我们会感到害怕。我们害怕会在对方脸上看到什么，于是便转移视线，一旦这样，就错过了一个面对并可能推翻恐惧的机会。我在工作中常常会遇到许多夫妻，当鼓起勇气看着对方的眼睛时，他们很惊讶地看到了与期望相反的东西。他们看到的不是蔑视，而是感同身受。他们看到的不是愤怒，而是脆弱无助。他们看到的不是恐惧，而是同情怜悯。当他们真正努力去接纳对方时，现实就会变得更加清晰，过去的恐惧也逐渐消失。他们开始明白，吐露心声并不可怕。这有点像为孩子打开衣柜里的灯，让他们知道里面没有任何怪物，不必害怕。当然，很多事情取决于我们选择向谁敞开心扉。但最起码，即使对方看起来很不舒服或很焦虑，我们也能意识到我们可以处理他们的不舒服，这并不是什么值得害怕的事情。

眼神交流还有其他好处。它让我们感到更接近对方，帮助我们在情感上"同步"。当目睹某人哭泣、大笑或生气时,我们在某种程度上分享了这种感受。也就是说,我们也能体会到对方的感受。尽管观念具有传染性这一观点早已被熟知,但最近意大利帕尔马大学的神经科学家贾科莫·里佐拉蒂和他的同事们在做研究时,发现了这种现象背后的大脑机制。研究人员发现,当我们观察一个人的情绪或行为时,大脑中被称为"镜像神经元"的神经细胞就会被激活,仿佛我们正在做或经历同样的事情。例如,当看到某人处于痛苦之中时,自己大脑中的"痛苦区"会被激活,我们也会产生同样的感觉。当我们进行眼神交流时,当我们敞开心扉,让别人明白自己的感受时,那么对方也就有可能理解并同情我们(反之亦然)。

　　第一步可能是最难的。但在某些时候,尽管我们可能感到不适,但还是要尽力一试。正如苏珊·杰弗斯所说,我们需要"从容面对恐惧"。你可以使用心灵沟通技巧来指导你前进。

心灵沟通技巧

当你敞开心扉,分享你的感觉时,多练习以下步骤:

- 感受自己的身体知觉,感知你的脚贴着地板,屁股贴着椅子。当你开始感到焦虑时,把注意力集中到体感上。
- 放慢语速,保持与内心的沟通。暂停并反思你所说的话,试着去感受它们,因为它们来自你的内心深处。
- 不做评判,仅仅观察,观察此刻正在发生的事情,即将发生在你身上的事情,你和对方之间发生的事情,以及对方的反应。
- 进行眼神交流,仔细观察你在对方眼中看到了什么,如果不确定对方的感受,一定要问清楚。

一切没有那么困难

妮娜在咖啡店后面找了一张空桌子，面向门口坐了下来，以便看看玛姬什么时候到。她喝了一口茶，想放松一下。起初，妮娜收到玛姬的信息，建议她们聚在一起"谈谈"，她还松了一口气。但现在，随着那一刻的临近，她感到焦虑不安。她早就想和玛姬谈谈了，让她知道自己有多失望，但她一直拖着不说。

妮娜抬起头，看到玛姬朝她走来。她的心跳加快了。妮娜深吸一口气，努力让自己平静下来。"准备好吧。"她对自己说。

两人见面后，刚开始还闲聊了几句。突然间，她俩面对面地坐着，一言不发。终于，玛姬首先打破了僵局。"那啥……我一直在想，最近是不是发生了什么啊？"她说，"我是说，我不知道你是咋想的，我感觉咱们之间的关系有点不对劲。"

"是啊……我知道，的确。"妮娜有些犹豫地承认道，"我……我一直想跟你谈谈，但我不知道该不该说，时间越长，我就越难以启齿。而且你知道我怎么会……"妮娜几乎要爆发出一连串的抱怨，此刻情绪也将爆发出来，但她忍住了，努力让自己慢下来。她静静地坐着，然后看着玛姬。当感情开始积蓄时，她的眼里充满了泪水。她吸了一口气，说："嗯……我做活检的时候你不在身边，我真的很难过。我是说，你是我最好的朋友，而且……"她的声音开始变得沙哑，垂着头，悲伤的情绪突然爆发，哭了起来。

玛姬伸出手，摸了摸妮娜的胳膊。"真的对不起。"她说。

妮娜抬起头来，她们四目相对。玛姬看上去很痛苦，眼里也泛着泪花。

"我不知道该咋说。"玛姬继续说："我真的想不出什么好借口。我当时真的吓坏了。我是说……如果你出了什么事，我该咋办？"

"我知道，我知道。我明白，但我也吓坏了，我那会儿真的很需要你。"妮娜看着玛姬的脸，看到她眼中的懊悔。内心的伤痛和愤怒开始消退。"我好想你，真的。"她说。

"我也很想你。"

越来越好

想要敞开心扉，一开始可能会很困难，但不必一步到位。可以从小事做起，慢慢来，每次都多表达一点自己的想法，积少成多。可以先从承认自己的脆弱开始，比如你可以说："我不习惯用这种方式说话，太尴尬了。"然后再继续接下来的话。

取得进展的关键是，每次都要试着向自己的不适感多靠一点。当你觉得还不错的时候，试着再往前走一步。无论是在眼神交流、静静坐着、聆听对方还是与自己或他人的情感共处时，看看能否让这一刻停留得更久一点。鼓励自己每次多试一会儿，随着时间的推移，你敞开心扉、情绪共存的能力就会不断提升。

有时，交流感受可能会有点难，特别是当困难情绪出现时。如果事情进展不顺，正念技巧可以帮你坚持到底。当你想要退缩时，试着把注意力集中到当下。比如花点时间去看看自己的身体发生了什么，别人发生了什么，你们之间又发生了什么，让自己立足于此刻。冲突是不可避免的，所以一定要解决它。随着时间的推移，信任和亲密感会增加，因为我们揭示了真实的自我，并与自我保持联系，即使这样做很困难。

敞开心扉，分享情绪是一个终身的过程。勤加练习，就会习惯这种沟通方式。你练得越多，效果越好，过程也就越容易。

分享情绪，会最大限度地增加解决问题的可能性。我们打开了通往更紧密、更牢固联系的大门,在这种联系中,愤怒可以得到化解,悲伤和恐惧可以得到抚慰,爱可以被更深地分享。当表达心中所想时,不仅尊重了自己,也尊重了所爱的人,我们创造了真正想要的那种关系。

本章要点

- 我们天生就渴望亲近、安全和关怀,并且贯穿一生。
- 情感可以告诉我们自己到底想要什么,以便让事情变得更好。
- 把感受说出来,是沟通内心最有力的方式之一。
- 早期与监护人相处的经历可能导致我们害怕在以后的生活中敞开心扉。
- 可以通过实践和经验来克服表达自我的恐惧。当明白这一点时,情绪的智慧可以告诉我们如何选择并加以指导。
- 当我们想要表达感受和需要时,尽量简化。使用"我"开头,并以一种相互尊重的方式进行沟通。
- 放慢脚步,关注当下,可以让敞开心扉变得更容易处理。
- 放慢语速能让我们更好地感受情绪,发自内心地表达自我。
- 眼神交流有利于消除恐惧,让我们感到与他人更亲密,增加被理解的可能性。
- 每次多靠近一下自己的不适感,情感开放能力就会逐渐提升。

第八章

回顾与总结

隆冬时分，我终于意识到，夏天在我心中永在。

——阿尔贝·加缪

至此,我们已经探讨了克服感情恐惧症四步法中的每一个步。现在是时候把它们综合起来了。在本章中,我们将重温之前讲到的那几个人,看看他们如何在生活中运用这些步骤和技巧。

亚历克斯:悲痛带来的礼物

亚历克斯往后退了退,想好好看看圣诞树,发现有个光秃秃的地方需要装饰一下。他扫视了一下地上那堆杂乱的盒子,其中有个盒子还没打开。"我就知道还有些剩余的。"他心想,于是便拿起盒子,坐在沙发上看了起来。他一打开盖子,就立刻认出来了,这些装饰品是几年前的夏天,他和妻子在缅因州度假时找来的。他正准备喊妻子过来,却被另一个东西吸引了注意力,一个小时候在学校里做的陶瓷雪人。他还记得把它送给父母的那一天,他们为此感到无比骄傲,母亲更是爱不释手。此后每年,她都会把它挂在圣诞树上,因为这是她最喜欢的装饰品。母亲总是那么温柔可亲。

亚历克斯的心很痛。虽然父母不幸离世好几年了,但每到逢年过节,都是心里过不去的一道坎儿。似乎每年这个时候,思念父母之情最深。他的喉咙一紧,泪水在眼里打转。妻子进屋后,他想装作若无其事的样子,因为不想在妻子面前表现出脆弱的一面,但他已经厌倦了隐忍,想离她更近一些。亚历克斯低头看了看装饰品,深吸一口气,试着稳定心绪,然后看着妻子。

"怎么了,艾尔? 你没事吧?"妻子看到他脸上的痛苦表情,关心地问。

"嗯,是我父母,我刚刚在想他们。"他答道,然后又低头看了看。她坐在他旁边,搂着他的胳膊。亚历克斯正想告诉她关于装饰品的事,但放弃了。他妻子的出现让他感到安慰,坚强的外表仿佛能被融化。

他能感受到内心的悲伤正在上升,但这次,他没有像往常那样去抑制它,而是尝试了一种不同的方式。他把重心稍微挪了挪,让自己在沙发上躺得踏实一些,然后深吸一口气。"让它来吧。"他告诉自己。随着气息缓缓吐出,情绪逐渐开始支配自己,悲伤冲破了内心,眼泪顺着面颊滚落下来。妻子抚摸着他的背,他放声哭了起来。

之后,两人静静地坐在一起,手牵着手。亚历克斯回想着刚才发生的事,想着自己是如何放下防备,向妻子敞开心扉的,想着自己哭得那么厉害,现在居然感到好多了。之前的悲痛已经过去了,随之而来的是一种解脱感。他又想起了自己的父母,而现在,他感到的不是悲伤,而是一种温暖。

亚历克斯看着妻子。那一刻,他觉得两人从未如此亲密。他的眼睛里充满了泪水,但这次不一样,这是感激的泪水,而非悲伤。亚历克斯心头一热,紧紧握着妻子的手,温柔地说:"你知道,我真的很爱你。"

她深情地笑着说:"我也爱你。"

亚历克斯的经历相当简单。他意识到了自己的悲伤,也意识到了想要逃避悲伤的冲动,但他没有退缩,而是冷静下来,深呼吸,给自己情绪让步。当他回想自己的经历时发现,在悲伤中摸索着前进,使其心态变得更积极,自己与妻子以及父母的关系也更亲密。曾经心中的痛苦,现在被爱和感激所替代。他正在改变自己与情绪的关系以及大脑中的种种神经连接。

我们常常担心,让悲伤支配自己会让事情变得更糟,自己会更加怀念失去的东西。但事实恰恰相反。悲伤,尤其是当它被倾诉时,会带来安慰和治愈,有时甚至是幸福。它能驱散痛苦和悲伤的乌云,使我们能够看到并更容易地连接到内心温暖的爱的和记忆。

劳伦：与恐惧为友

劳伦放下了书，她本以为自己或许可以读点书，却忍不住思考昨天与男友尼克的对话。尼克总会时不时地说些话，让劳伦相信自己打算娶她。但每当劳伦试图更直接地谈论这个话题时，他就变得躲躲闪闪或避而不谈。最近一次的谈话似乎进展得更好些了。也许是吧？因为她现在也不太确定了。当劳伦在脑海中回想时，她意识到，尽管尼克的语气在当时似乎令人安心，但他并没正面回答关于他们未来在一起的任何问题。

劳伦开始感到不安了。

"我知道他很害怕。"她心想，"尼克父母的坎坷婚姻给他留下了阴影，他可能担心我们也会重蹈覆辙。也许是我太没耐心了，也许我再给他一点时间，他就会回心转意。也许我……"劳伦反省了自己。她意识到自己又在找借口，又要迷失在思绪中，而不是倾听自己的感受。事实是，他们已经在一起两年了，而在这两年中，无论劳伦多么努力，尼克都没有"回心转意"。他不仅在这段关系中苦苦挣扎，还被迫从事一份不喜欢的工作，与家人断绝了联系，身体也每况愈下。最近，劳伦一直鼓励尼克去看心理医生，以便摆脱困扰继续向前，但他似乎迟迟不愿采取行动。

劳伦坐了起来，觉得有股动力促使她去尝试与自己更深入地相处。她把注意力从脑海中的喋喋不休转移开来，试着去了解内心的想法。一开始她一无所获，但当她留心自己的身体时，她意识到胸口有点闷。当她把注意力集中于此，试着保留当前的感受时，她还发现自己心跳加快，身体有点颤抖。劳伦把注意力转移到一个轻松愉快的画面上，想让自己平静下来。她想象着自己站在湖边的码头上，听着流水潺潺，呼吸着新鲜空气。她在这段经历中停留了片刻,然后回到现实,重新关注身体上的感受。

当劳伦调整自己的内在感受时,她意识到内心深处的恐惧,害怕尼克永远不会做出改变。即使结婚了,他也不会解决自己的问题,如果连自己都照顾不了,又怎么能照顾一个家庭呢?悲痛涌上心头,劳伦哭了起来。她爱尼克,但这似乎还不够。如果尼克不打算努力摆脱困境(目前为止还未做到),他们就永远不会拥有劳伦期望的那种关系。直面自己的情绪并聆听它们的诉求往往是需要勇气的,而且这样做也会让自己备感伤痛。但劳伦实在太爱尼克了,如果这个问题不解决,她就会失去尼克。

尽管一想到要结束这段关系,重新开始,劳伦就感到很痛苦,但这是她长期以来第一次这么清醒,她想为自己谋求更多的东西。劳伦不确定自己是否能在尼克或者其他人身上找到幸福,但她不愿也不打算放弃对更好生活的向往。她知道要重视恐惧,从中受益:只有从一段感情中得到更多想要的东西,才能获得真正的幸福。

劳伦擦干了眼泪,决心告诉尼克自己的感受,看看他的反应,然后再想办法沟通。

首先,劳伦意识到自己有迷失在思绪中的倾向,随后便将注意力转移到身体上,并通过幻想美好画面使自己平静下来,最后重新集中在内在感受上,劳伦能够识别、面对并开始利用自己的核心恐惧感。在这个过程中,她学会了直面恐惧,这是非常有益的。

恐惧是一种具有挑战性的情绪,它迫使我们想要逃避,因此我们要放慢脚步,保持当下的状态。但其实恐惧往往是告诉我们,要去关注一些重要的事情。有时,试图打消恐惧未必是正确的做法。我们安慰自己只是反应过度,或者忽视它的严重性,并说"这没啥大不了的",我们可以处理它。当这样做时，可能就会错过一些重要的信息。

虽然我们必须将理性思维纳入评估过程，并评估自己的恐惧感是否合理，毕竟，大脑中那个古老的杏仁核有时可能会偏离目标，因此我们首先需要倾听恐惧在表达什么。正如劳伦发现的那样，当她能够静下来倾听恐惧时，她获得了一些重要信息，关于情感关系和生活伴侣的选择。如果劳伦能保持对情绪的关注和倾听，就能在决定该做什么时，以此为指引。

朱莉：为快乐腾出空间

朱莉的老板在他们离开会议时把她拉到一边。"我就想告诉你，你处理这个项目的方式很棒。"他说，"如果不是你，我们也不会拿下这个客户。"

"嗯，我很信任我的团队。"她答道，对这句表扬感到有点不舒服。"这是我们共同努力的结果。"

"我知道，但这一切是在你的领导下完成的，你才是这个团队的主心骨。我很高兴部门能有你这样的人才。"

"嗯，谢谢。"她笑着说。"作为这里的一员，我也很高兴。"朱莉忍住激动的情绪，快步走回办公室，关上了门，然后，趁没人看见她的时候，跳了一段小小的胜利之舞。为了这个项目，朱莉忙了好几个星期，好在项目进展得非常顺利。朱莉突然又感到有些不对劲了，一股劲儿地把自己从喜悦中拉了回来。"好吧，好吧，"她想，"别太激动，还有很多活儿要做呢。"她整了整外套，坐在办公桌前，试着集中精力工作。

那天晚上，朱莉坐火车回家的时候，想着今天发生的事情，一股幸福感油然而生，随后她开始转移注意力，翻看自己的包，"等等。"她注意到自己手中的事，心想，"这可是件大事，我得让自己真正地接受它。"朱莉放下包,闭上眼睛,鼓励自己多保持积极的情绪,于是回想起她和老板的谈话,记得他说自己对这个部门很重要。朱莉笑了,一股温暖的感觉在她的上半身散发开来,就像清晨的阳光开始照亮整个房间。

突然间,似乎一阵悲伤袭来。"真奇怪。"朱莉感到一丝诧异,"为啥我会有种难过的感觉?"朱莉本想无视它,但相反,她静下心来,试着放松。当她专注于内心的时候,悲伤的情绪越积越多,当她认真审视这股情绪时,朱莉被带到了一个痛苦的地方,在那里,她看到了满眼失望和伤心的年轻时的自己。朱莉父亲是个老酒鬼,从不承认她的成就。多年来,朱莉想尽一切办法来引起他的注意,哪怕是激发他一丝丝的自豪感,但父亲的反应总是很冷漠,让她觉得自己做得不够好。随着年龄增长,朱莉努力把被忽视的痛苦抛诸脑后,但由于得不到彻底解决,这种痛苦就一直在心里徘徊,久久不散,每当发生一些积极的事情时,这样的情绪就会威胁到她。或许这就是为什么朱莉很难真正享受自己的成就,长期得不到父亲的认可,她怎么可能真正庆祝自己的成功呢?朱莉望着窗外,伴随着一阵悲伤,小声地哭了起来。那是一段不愉快的经历。不,应该说是令人痛心的,但也是真实的。

当朱莉下车的时候,内心已经发生些了变化。尽管那里有更多关于她和父亲之间的情感,但在这一刻,她觉得比以往更轻松,更平静了。朱莉想了想自己的经历,怎么会这么有意义。让她不舒服的并不是幸福,而是每当她得到别人的正面肯定时,就会引发表面之下所有未解决的痛苦和失望。朱莉对自己产生了一种怜悯,因为她更清楚地明白为什么享受成功对自己来说是如此的艰难。

第二天,当朱莉坐火车去上班的时候,她想到了前一天的推介会和自己的演讲,是多么顺利,还记得事后在办公室里跳起的那段舞。想着想着,朱莉便笑了起来,那股温暖、刺痛的感觉又出现了,从心底蔓延到身体各个角落。朱莉保持着这种感觉坐了一会,因为这一次,它在朱莉体内停留的时间比以往更长。

✱

起初，朱莉并没有意识到，自己从来没有充分体会过幸福，她不知道究竟是什么让自己对老板的表扬视若无睹，也不知道是什么打断了自己的兴奋。但当她后来反省自己，给情绪腾出一些空间时，朱莉发现，只要保持开放，让悲伤走出来，就能明白这背后的原因，并去治愈那些阻碍自己过上幸福生活的伤痛。面对表扬和成就，朱莉总是难以接受它们，并且表现得若无其事，这其实是非常普遍的现象。

虽然这种困难可能只是让我们去感受自己的情绪，但有时，就像朱莉一样，它可能揭示了过去某些未解决的问题，那些需要关注和关心的问题。过去未解决的情感问题很难处理，你可能会自己摸索出一条路来，也可能会发现自己被困在其中。有时，寻求专业人士的帮助往往是很有用的。为此，我在本书的末尾添加了一个附录，里面有关于治疗和指导的信息，如果你想寻求进一步的帮助，或许它可以派上用场。

布莱恩：开启弥补之路

"这有一个。"布莱恩对他的搭档埃里克说，两人在停车场里转来转去，想找个空位。当时离演出开始还有十分钟，他们还没取票。埃里克踩下油门，冲上前去抢占车位，差点与拐角处驶来的另一辆车相撞。他猛踩刹车，然后疯狂地按喇叭。布莱恩看到对面司机一脸怒容，于是冲埃里克吼道："别按喇叭了！"语气十分严厉，"你到底怎么了？想让我们挨揍吗？"

当他们匆忙赶到剧院时，布莱恩看得出埃里克很生气。"对不起，我有些失控了。"布莱恩说道，他想安慰一下埃里克，"我刚才实在是吓坏了。"

但埃里克并没有得到安抚，"是啊，最近你对我的批评挺多的，我都有点厌烦了。以后有啥意见你自己憋着吧。"他边说边递给布莱恩一张票，然后消失在剧院里。

布莱恩待在那里，满脑子都是埃里克的话，然后心想，"去你的。我都道过歉了。"便气呼呼地走到自己的座位上。

布莱恩本想专心致志地看表演，但却忍不住思考刚才发生的事情。他在脑海里一遍又一遍地回想这件事，一想到埃里克刚才的反应，布莱恩就很生气。"他也太敏感了。"布莱恩心想。"他期待我会有什么反应？我是说，他朝那家伙按喇叭的时候到底在想什么？他以为自己还可以像个小孩儿一样那么任性吗？如果他想当个大孩子，好吧，随他去吧。"

两人都还在气头上，中场休息时几乎没怎么说话。

在第二幕的某一刻，布莱恩心软了，因为他意识到自己的愤怒可能是出于自我防御。他越来越清楚地认识到自己总是固执己见，退缩到内心深处，压抑着自己脆弱的情感。布莱恩决定试着敞开心扉，看看愤怒的背后究竟隐藏着什么。他想起了埃里克刚才的话，觉得对方也许事出有因。

布莱恩过去几周的工作压力非常大，但他并不善于处理，因此在生活中，和他相处可不是什么易事，实际上，他是个很难相处的人。当布莱恩认真审视自己时，他想起了另一件让埃里克难堪的事情。一股羞耻感袭来，让布莱恩感到胃里一阵恶心。"我真是个白痴。"他想，感觉自己要被吸进一个自我批评和绝望的黑洞——一种习惯的回应方式。他深吸一口气，在座位上换了个姿势，这样就能更清醒地面对现实。他的羞耻感一时更强烈了，但随后便消散了。一种别样的感觉涌现出来。"我不是白痴。"布莱恩心想，"但我真的一直表现得像个白痴。"他闭上双眼，愧疚之情油然而生，于是他试图将它压制下去。想到自己对埃里克的所作所为,布莱恩很内疚,因为他深爱着这个人。布莱恩想弥补过错,他知道该怎么做。

在回家的路上,布莱恩鼓起勇气开了口,"我们能谈谈吗?"他问。

"当然。"埃里克回答,语气略显犀利。

"嗯,我一直在想你说的话……关于我最近对你的批评。"布莱恩感到喉咙哽咽,深吸一口气,继续说。"你说得没错,我一直表现得像个混蛋,因为工作压力实在太大了,而且……好吧……你肯定把我最坏的一面都看透了。我觉得很糟糕……我真的很抱歉。"

埃里克看着布莱恩,看到了他眼中的懊悔,便叹了口气说:"谢谢你对我说这番话,这对我很重要。"

那天晚上,布莱恩躺在床上,想着那晚发生的事,他对自己开始用新的方式处理事情感到很高兴。要是在过去,他只会固执己见,表现得满不在乎,或沉默不语。但这一次,布莱恩能够认识到自己的处境,并尝试一些新的东西。虽然他很难面对自己对埃里克的所作所为而产生的愧疚感,但他明白保持开放的心态能够克服这些困难,并最终做出弥补。布莱恩看了看旁边睡得正熟的埃里克,他用胳膊搂着她,并拉入怀里。

✳

过了一段时间布莱恩才认识到,他对埃里克论断的愤怒反应是出于自我防御。当他最终放松警惕时,潜在的感情开始流露。幸运的是,布莱恩知道内疚和羞耻之间的区别,并能防止自己陷入后者。请记住,内疚是关于行为,羞耻是关于自我。当他能够意识、接纳并感受到自己的内疚时,他就有动力去弥补过错。

有时候事情就是这样。我们会不由自主地做出反应,而没有意识到自己是在自我防御。这时候,练习情绪正念就显得尤为重要。如果我们能感受自己的情感,留心它,并保持开放的心态和好奇心,就能克服应激反应,与核心情感联系起来。我们越是以这种方式去联系内心感受,就越容易看到通往光明的路。

凯特:成长为幸福的人

当她接近远足的终点时,凯特想知道早些时候发生了什么。她停下来和朋友们一起欣赏风景,出于某种奇怪的原因,她开始感到一丝焦虑。"我就是这样一个人啊。"凯特心想。"辛辛苦苦工作了这么长时间,现在好不容易有机会放松自我,享受生活的时候,我却做不到。"凯特本想自暴自弃,但是,她知道那只会让她感觉更糟糕,于是决定对身边的事物保持一种好奇心。

那天晚些时候,凯特坐在泳池边,想着早上远足时发生的事情。当她在脑海中回想这段经历时,发现自己的胸部开始变得紧绷,她试着去感受这种不安,看看究竟是怎么回事。随着她把注意力集中在内心深处时,凯特注意到她的脚也在发颤,并且很难静下来。她把手放在胸口上,深呼吸,想让自己平静下来。当焦虑逐渐减轻时,凯特感到一阵反胃的感觉。"咋回事?"她想,"我生病了吗? 还是我吃错什么东西了?"她想起了前一天晚上和朋友们一起去的那家餐厅,以及他们吃饭时的对话。在意识到自己走神后,凯特又把注意力重新集中到这股不舒服的感觉上,并努力保持这种感觉。起初,她以为这可能是一种羞耻感,但进一步审视后,凯特发现这次的感受与以往不同,然后她恍然大悟:这是内疚感。

"内疚? 我为什么会感到内疚?"凯特十分诧异。回顾过去几天,她想知道自己是否做错了什么,但一无所获。当她把注意力集中在这种感觉上时,她能感受到,这种愧疚感来自过去,仿佛某个遥远的地方。于是凯特审视这股感受,回首往昔,看看能发现什么。凯特回到从前,看到那时的自己还是个小女孩。母亲患有重病，身体时常遭受巨大的痛苦。记得有一次，她和哥哥一起玩得有些忘乎所以了，就像所有孩子一样。母亲那天肯定过得特别糟糕，于是很不高兴，责备他们不懂事，加重了她的痛苦。随着时间的推移，凯特最终开始担心，如果她玩得很开心，或者放任自流，真正享受生活，会在某种程度上加重母亲的痛苦。而当凯特真正这么做的时候，她就会感到内疚，好像做错了什么似的。

凯特意识到现在的焦虑和内疚是过去的后遗症，因为担心快乐可能带来的后果，她对年轻时的自己感到十分同情。"我不必再害怕放手享受生活了。"凯特对自己说，她下定决心要扭转局面。

那天晚上，凯特和她的朋友们外出时，那种熟悉的焦虑感又出现了。这一次，她知道它是怎么来的了，她不再像过去那样觉得被抛弃。相反，凯特提醒自己有权享受这段美好时光，然后主动去充分拥抱自己的积极情感，玩个痛快。事实证明，这是她假期中最美好的一晚。

凯特运用情绪正念的方法，产生了良好的效果。首先，她认识到自己在逃避焦虑，随后带着好奇心专注于这个问题。之后，凯特发现了不同的身体感受，并开始关注它们。当焦虑加剧时，她就会静下心来，持续关注内心的发展变化。当注意力转移时，她就重新把注意力集中在身体感受上，并保持这种感受。

通过让内疚感浮出水面，然后敞开心扉并跟随它回到过去，凯特揭开了令自己感到不适的根源。意识到这种内疚感来自过去之后，凯特不仅以全新的角度观察事物，也开始勇于尝试不同的东西。

凯特越是沉浸在自己的幸福中，她就越会打破它与焦虑、担忧和内疚的旧有联系。凯特正在改变自己与情绪体验之间的关系，使自己能够更充分地感受幸福。而在这一过程中，凯特也在大脑中建立了新的神经网络，这将扩大她的情感选择范围。

马克:愤怒的觉醒

马克听着哥哥发来的信息,一脸的不相信。"嘿,伙计。听着,看来这个周末我是去不了了。我刚接到一个朋友的邀请,要去他的船上玩,太棒了,这可不能拒绝啊。很抱歉,但是,好吧……你懂的,回头再聊。"

"不,我不懂。"马克一边删除短信一边大声说。"我从来不会在最后一刻放别人鸽子",他心想。马克一直指望哥哥帮自己粉刷新房子,现在他得全靠自己了。起初,在他内心的某个地方,马克很愤怒,但随后这种愤怒转化为一种消沉,似乎要耗尽他的精力,最终他变得沮丧起来。

马克一直盼望着和哥哥共度一段时光。他本以为兄弟俩能在装修房子的时候一起聊聊天,或者互相了解一下。这么多年过去了,马克依然心存希望,想着能和唯一的哥哥有一种不同的关系。"或许对他来说我不过是无足轻重罢了,"他想,"我的意思是,如果我对他很重要的话,那他早就来了。我到底是怎么了?"一想到这一切只是自己的痴心妄想,马克就觉得自己很傻。

第二天早上,马克拖着沉重的步伐在屋里走来走去,准备干活儿。他本以为睡一觉就可以动工了,却觉得身体乏力。"为啥我会这么疲惫?"马克一边想,一边坐在地板上搅拌一罐油漆,脑海中回想着过去几天发生的事,想弄清楚自己到底怎么了。虽然这周工作很忙,但并没有什么异常。后来他发现,大概是在收到哥哥的短信那会儿,心情发生了变化。"我感到的仅仅是失望吗?"他问自己。失望当然是马克的一部分感受,但细想似乎还不止如此。马克把注意力转向内心,想更清楚地了解自己的情感状况。马克感觉身子沉沉的,胸口有点闷,那是一种疲软的、毫无生气的感觉。"怎么回事?"他感到很诧异。马克坐着思考了会儿,突然想到,这种不适的背后,实际上可能是愤怒。当他在想是否有这种可能性时,内心深处的某些东西似乎松动了。就在这时,马克注意到一丝恼怒掠过胸口。

"对了,我知道了!"马克想,"难怪我会生气,我总是这样,把愤怒发泄在自己身上。"马克越来越明白,自己曾经是如何应对愤怒的。他总是在不知不觉中,把怒火发泄到自己身上,使自己承受痛苦。"不能再这样下去了。"马克一边想一边起身,刷起油漆来。一想到哥哥背弃了自己,他就生气,"他就是这种人,永远以自我为中心! 而我又一直放纵他。哼,以后再也不会了"。精力又回到了马克的体内,他感到充满了力量。马克本想马上打电话给哥哥,狠狠地教训他一顿,但又忍住了,觉得最好还是等情绪稳定一些的时候再说。马克知道,自己需要勇敢说出来,让哥哥知道他的感受。

几天后,马克组织好语言,给哥哥打了个电话。两人还没来得及打招呼,哥哥就开始滔滔不绝地讲述他的航海之旅有多棒。马克感到内心的怒火又燃了起来,他集中精力深呼吸,让自己保持镇静,等待说话的机会。最后,哥哥停下来问:"嘿,油漆刷得怎么样了?"

"好吧,不过,你知道……"马克放慢了语速,他想抓住关键问题,表达清楚。"我要告诉你,你的行为让我很失望,很生气。我还指望着你能帮我呢。而且我还真的很期待能和你一起做些事情。"

"什么?"哥哥吃了一惊,然后辩解道:"你是说你自己完成不了那件事吗?"

"我不是那个意思,"马克说,意识到哥哥的语气。"但事实上,我就是没做到。"

"好吧。"哥哥很生气,接着说:"听着,如果你找不到人,我也没办法,那不是我的责任,你应该……"

"他想把责任推给我。"马克心想。"这就是他的作风。总是责怪别人。"马克很想争辩,但又忍住了。他不想陷入一场争论之中。他又集中精力深呼吸,让自己平静下来,保持注意力,然后说:"我不是说你有责任帮我,我只想告诉你,我被放鸽子时的感受。"

"得了吧。你有点小题大做了。"

"听着,你不必赞同我的意见。但我希望你能站在我的立场上考虑一下我的感受。你真的让我又失望,又气愤。"

"兄弟,你知道的,我们随时都能聚一聚。"

马克看出哥哥没懂他的意思。"你根本就没听清我的话,是吗?"

"我听得很清楚,只是这听起来很扯淡。""你要是这样想的话,那我真的很难过,"马克说。"因为我不这么觉得。"

"是啊……行吧……听着,我得挂了,还有很多事要做。"

马克沮丧地挂了电话,心中充满疑惑,难道想和哥哥建立更亲密关系的愿望很不现实吗?

✳

最早提出抑郁是愤怒的内化这一说法的人是弗洛伊德。虽然我们知道产生抑郁的原因有很多(比如先天性、生物遗传、环境影响),但当一个人压抑怒火时,肯定会影响其精力状况和整体情绪。因此,马克在生气时产生防御性反应是很正常的。有时别人让我们受到委屈,我们不会生气,而是不自觉地把愤怒压抑在内心深处,结果受伤的是我们自己。尽管痛苦随之而来,但在某种程度上,这种反应让人更有安全感。我们只是不习惯以一种健康的方式去感受愤怒,也不习惯向生活中有权势的人表达愤怒。幸运的是,马克能够认识到自己对愤怒的习惯性反应,并做出改变。

但是,就像有些情况一样,马克试图与哥哥沟通,让他明白自己的感受,但进展并不顺利。虽然马克处理得很好,并且充分运用了情绪正念技巧,避免了一场争吵,他的哥哥却无法以建设性的态度参与其中。

当我们越来越习惯于尊重和表达自己的感受时，就会发现有时生活中某些人是有缺陷的。在这种情况下，练习同理心就很有帮助。毕竟，对情绪的恐惧，每个人的理解是不同的。有时候，放慢速度慢慢来，一步一个脚印，可以帮助自己的人际关系在情感上得到延伸和发展。有时我们可能会选择欣然接受对方的现状，同时享受一段充满意义的关系。也有时候，我们可能会选择重新审视自己对这段关系的期许，把精力放在能够带来明显效果，并产生自己期望的那种关系的方面上。重要的是，不要逃避与他人沟通和交流感情的机会，如果对方不能接受我们的感受，再考虑接下来的发展方向。

弗兰克：勇敢去爱

弗兰克走进更衣室，坐在长椅上。他刚刚碰到了一个哥们儿，他告诉弗兰克，他们的一个朋友要离婚了。弗兰克很惊讶，他不知道杰瑞米有婚姻问题。"我清楚离婚是怎么回事。"他心想。弗兰克已经离婚好几年了，他很高兴和过去这团乱麻一刀两断。"希望他能比我好过些。"弗兰克心想，然后换上了运动服。

弗兰克一边锻炼，一边想着现在的生活有多好。当然，他和瑞秋的关系与此有很大的联系。他们大约在一年前认识，不久就开始约会。一开始，弗兰克和任何人谈恋爱都会感到忧虑不安，但随着时间的推移，他逐渐恢复如初，变得越来越适应。他当然会这样了，瑞秋和他的前妻不同，她真的很容易相处，而且非常体贴和关心他。比如今天，她给弗兰克打电话，只为了说一句"我爱你"。弗兰克心里一阵温暖，想到瑞秋，他笑了。觉得自己很幸运。

但随着弗兰克继续锻炼，他开始感到不安。瑞秋总是非常慷慨地表达爱意，而自己却不善表达。弗兰克知道瑞秋的宽心话对他来说有多重要,一时之间,他为自己没有向瑞秋敞开心扉而感到难过。"哦,她知道我有多爱她。"弗兰克对自己说,试图减轻愧疚感,但随后意识到自己在做什么。

　　这已经不是他第一次试图为自己的不适找理由了。弗兰克的前妻曾对他说,两人在感情上很疏远,自己时常想与他建立更亲密的关系。弗兰克曾想说服自己,她只是在感情上很"饥渴",但在某种程度上,他知道前妻的话是有道理的。对弗兰克来说,分享内心深处的感受,和以一种更全面的方式处理人际关系,一直是件难事。他并不是一个没有感情的冷血动物,相反,他深刻感受着一切事物。但要敞开心扉,让自己更加脆弱,对弗兰克来说,是一件很可怕的事。

　　弗兰克呆坐着,满心愧疚。一想到随着时间推移,瑞秋可能也会和他产生同样的隔阂,最终重蹈覆辙,弗兰克就很痛苦。不过可以肯定的是,他很爱瑞秋,并希望她知道这一点。他不想因害怕而退缩,也不想让这段关系不尽如人意。这次,弗兰克想把事情做好。

　　那天晚上,他们像往常一样坐在一起聊天。当瑞秋向他讲述今天的情况时,弗兰克只是静静地看着她,看着她说话,注意她的一举一动。弗兰克发现自己满心爱意,他太爱瑞秋了,想告诉她自己的感受,但又有些焦虑,他感到心跳加快,双手冰凉。弗兰克集中注意力,想让自己保持清醒,然后鼓起勇气放手一试。

　　"你知道,我今天一直在想你。"他说。

　　"真的吗? 想我什么呢?"瑞秋问道。

　　"嗯,我只是在想……你是多么……多么好,嗯……至于我对你的爱,我说得还不够多。"

　　"亲爱的,听到你这么说真的太好了。"瑞秋笑着靠向他,两人相拥在一起。

　　弗兰克准备上床睡觉时,想起了自己今天做的事。他很高兴,终于逼着自己敞开了些心扉。他感觉很不错，而且并没有想象中的那么可怕。"我需要经常这样做。"弗兰克想道。

✳

凭借着对自己情感经历的用心关注，以及一点点的决心，弗兰克与瑞秋的关系的亲密度正在向更深层次展开，他正朝着过上自己真正想要的生活的方向前进。

选择适合自己的方式

正如你从这些不同的故事中所看到的，当涉及敞开心扉、体验感受的过程时，即使在同一个主题上也有许多变化。例如，有些情绪体验是相当直接的，而有些则更复杂。有时，情感是显而易见的，比较容易把握，而在其他时候，我们需要更努力地去探寻，弄清内心的想法。在这片水域中行驶，时而举步维艰，时而一帆风顺。不难想到，这条路上必然是迂回波折，行行止止的，以及满是需要拆除和解决的障碍。虽然事实的确如此，但只要付出一点努力和决心，我们就能找到出路。

由于我们的经历不同，我们处理这些经历的方式自然也不同。每个人都是独一无二的，在这条情感之旅中处于不同的位置。虽然这四个步骤是按顺序排列的，你可以把它当作一个指南，但大可不必将自己束缚其中，也不用每次都按照这个流程走下去。你可能会发现，自己很容易地完成了一个步骤，但在另一个步骤中却举步维艰，于是想换个时间再试一次。有些时候，并非所有的步骤都是必要的，你要寻找合适自己的做事方式。适合某个人的方法未必适用于其他人，这就是为什么我提供了一些工具供你选择，以便你能够找到最适合自己的。这段旅程中没有对错之分，关键是你要坚持到底，不断找回曾经的情感，注意当下所处的形势，关注内心的状态，试着主动去建立联系。

　　记住,克服情感恐惧症是一个过程,需要花大量时间去练习。但你越是努力意识到自己的情绪情感,驯服恐惧,看清感受,并与他人分享,这个过程就越容易。要知道,每当你勇于尝试不同,向情绪靠近时,你都在改变大脑的工作方式,削弱恐惧对情绪感受的控制,提高感受和接近他人的能力,尊重真实的自己。你正在改变自己,朝着真正想要的生活前进。

本章要点

- 克服情感恐惧症和敞开心扉的四个步骤有其先后顺序,你可以将其作为行动指南。

- 情绪世界是灵活多变的。

- 打开心房,可能会发现过去那些未完成的需要关注和解决的事情。

- 如果进展不顺,遇到困难,向受过培训的专业人士寻求帮助会很有益处。

- 有时候,我们并不会意识到自己的情绪反应是防御性的,但如果对自己的情感保持开放和好奇,最终就会找到核心感受。

- 压抑愤怒会影响我们的精力水平和整体情绪。

- 当我们遇到别人有情绪障碍时,练习同理心,换位思考,想象自己处于恐惧状态时,是什么感觉,这样做大有裨益。

- 我们可能需要重新考虑自己对一段关系的期望,然后再决定接下来怎么走。

- 克服情感恐惧症是一个过程,需要花大量时间去练习。但只要一点努力和决心,就能找到解决方法。

结　语

做出选择

那是六月的一天,天气晴好。午后的阳光透过姐姐家客厅的窗户洒了进来,房间里闪烁着琥珀色的光芒。我坐在姐姐旁边的沙发上,抱着她刚出生的儿子,他叫西奥,只有两周大,是我的侄子。我低头看着这个躺在我怀里的小"奇迹",觉得很感动。不仅为此刻感到幸福,也为今后而心存感激。

当我注视着这个给人希望的小男孩时,我想到了自己的变化。在过去的三年里,我鼓起勇气去面对恐惧,敞开心扉更充分地感受情绪。起初这并不容易,但我越是尊重内心的想法,并以一种真实的方式走进自己的生活,就越是觉得强大和完整。我的忧虑和疑虑消失了,取而代之的是一种新发现的清晰感和希望。我已经进入了一个充满各种可能性的新世界,而在以前,这些可能性似乎遥不可及。现在,我即将横跨半个国家,离开家人、朋友与深爱的人在不同的城市开始新的生活。对我来说这很了不起,因为自己也曾因恐惧而退缩。

我望着姐姐,心隐隐作痛。很快我就得说再见了,我想知道她对我的离开是什么感觉。我正要问,但又犹豫了。也许现在不是时候,因为她才生了孩子。但我更清楚,如果错过此刻,就会失去一个加深感情的机会,我不想留下遗憾,于是深吸一口气,让自己平静下来,然后说:"那么……嗯……我想知道你对我的离开有什么感觉?"

"不好受。"她微笑着答道,然后移开目光,沉默了一会儿。随后她回过头来看着我,眼里充满了泪水,说"我的意思是……我会很想你的。"

"我知道……我知道……"我边说边握着她的手,泪水顺着脸颊流了下来。"分离的滋味真不好受,但我会很想你的。"我们一起哭了起来。

坐在她的身边,那一刻,我觉得和姐姐是那么亲近,我们互相敞开心扉,虽然有悲伤,但也充满了爱和感激。这不是一种感觉,而是好几种,并且有足够多的空间来容纳这一切。我的人生以一种全新而深刻的方式充满意义。

生活充满了选择。你可以选择倾听自己的感受,也可以选择逃避它们。你可以选择活在当下,也可以选择麻木自己。你可以选择敞开心扉,说出心里话,与生活中的人更亲近,也可以选择被恐惧束缚住。

每时每刻都充满了更美好的愿望、更清醒的意识、更充沛的活力、更无间的亲密。这一切都在你的掌握之中。

这本书为你提供了实现这一目标的工具。让这些步骤引导你,知道我在为你加油,听到我在鼓励你前进。

当你觉得自己迷失了方向,或者恐惧阻碍了你的脚步时,回到你的感受中来,为它们腾出空间,倾听内心的想法,让它们指引你。

过你想过的生活是一种选择,那就是敞开胸怀,活在当下,充分感受你内在的情绪情感。

附 录

专业心理支持

有时,你可能想与受过训练的专业人士合作,以促进你的进步。治疗师或教练可以帮助你提高自己对情绪的认识和感受,并帮助你克服障碍,让你在生活中更富于感情。特别是治疗师,可以帮助你改变根深蒂固的情绪模式,解决过去未解决的问题。

当你寻求帮助时,找一个擅长并乐于助人拓宽和增强情绪体验的人,是很重要的。做一些研究,从在治疗或指导方面有丰富经验的值得信任的人那里获得推荐;通过电话采访专业人士,询问他们的方法,受过怎样的培训,练习了多久。当你找到合适的人选时,进行初步咨询,看看感觉如何。你必须与一个理解你、给你安全感的人合作,并相信其有能力帮助自己。你应该能够感觉到这个人是否为最佳人选,以及自己是否取得了相当快的进步。

治疗方法

虽然有许多不同的治疗方法都将情绪体验作为一种治愈和改变的手段,但我在这里只介绍我最熟悉的那些。你可以了解更多相关信息,包括治疗师的名录。此外,你还可以通过国家和地方专业协会的名录找到治疗师。许多州和省都有更加本地化的治疗师名录,或许对你的搜索有所帮助。

- **加速体验动态心理治疗**（AEDP）是一种基于转化的心理治疗模式,它能促进新的和治愈性的情感和关系体验。
- **针对个人、夫妻和家庭的情绪聚焦疗法**（EFT）包含短期治疗模式,帮助人们重新组织和扩展他们的情绪体验。
- **动态体验疗法**（EDT）是几种不同方法的总称,这些方法都能帮助人们克服障碍,体验对现在和过去的真实感受。
- **眼动脱敏和再处理疗法**（EMDR）是一种信息处理的心理治疗模

式,有助于解决那些未解决的、令人烦扰的生活经历引起的症状。

教　练

生活教练可以帮助你克服成长的障碍,最大限度地发挥你的潜能,得到你真正想要的生活。生活教练有不同的专业领域（例如,在你的生活中创造更多的快乐,克服悲伤,提高人际关系的满意度）,因此,在你感兴趣的发展领域,找一个专家,这非常重要。

参考文献

前言

1. Goleman, D. (2006). *Social intelligence*: *The new science of human relationships*. New York: Bantam Dell.

2. Bowlby, J. (1988). *A secure base*. New York: Basic Books.

第一章

1. McCullough, L. (1997). *Changing character*. New York: Basic Books.

2. LeDoux, J. (1996). *The emotional brain*: *The mysterious underpinnings of emotional life*. New York: Simon & Schuster.

3. Ibid.

第二章

1. LeDoux, J. (1996). *The emotional brain*: *The mysterious underpinnings of emotional life*. New York:

Simon & Schuster.

2. Fosha, D. (2000). *The transforming power of affect.* New York: Basic Books.

3. Siegel, D. (2001). *The developing mind: How relationships and the brain interact to shape who we are.* New York: Guilford Press.

4. Ibid.

5. Schore, A. N. (1999). *Affect regulation and the origin of the self: The neurobiology of emotional development.* Mahwah, NJ: Erlbaum.

6. Lewis, M. (2000). The emergence of human emotions. In M. Lewis & J. M. Haviland-Jones (Eds.), *Handbook of emotions* (2nd ed., pp. 265-280). New York: Guilford Press.

7. Bowlby, J. (1988). *A secure base.* New York: Basic Books.

8. See Begley, S. (2007). *Train your mind, change your brain: How a new science reveals our extraordinary potential to transform ourselves.* New York: Ballantine Books; Davidson, R. J. (2000). Affective style, psychopathology and resilience: Brain mechanisms and plasticity. *American Psychologist*, 55, 1193-1214; Doidge, N. (2007). *The brain that changes itself: Stories of personal triumph from the frontiers of brain science.* New York: Penguin Books.

9. Goleman, D. (2006). *Social intelligence: The new science of human relationships.* New York: Bantam Dell.

10. Frost, R. (2002). *The poetry of Robert Frost.* New York: Henry Holt.

第三章

1. Williams, M. G., Teasdale, J. D., Zindel, S. V., & Kabat-Zinn, J. (2007). *The mindful way through depression: Freeing yourself from*

chronic unhappiness. New York：Guilford Press.

2. Kabat-Zinn, J. (1994). *Wherever you go, there you are：Mindfulness meditation in everyday life*. New York：Hyperion.

3. Safran, J. D., & Greenberg, L. S. (1991). *Emotion, psychotherapy, and change*. New York：Guilford Press.

第四章

1. Briggs, D. C. (1977). *Celebrate your self*. New York：Doubleday.

2. Gunaratana, B. H. (2002). *Mindfulness in plain English*. Boston：Wisdom Publications.

3. Ezriel, H. (1952). Notes on psychoanalytic group therapy：II. Interpretation. *Research Psychiatry*, 15, 119.

第五章

1. LeDoux, J. (1996). *The emotional brain：The mysterious underpinnings of emotional life*. New York：Simon & Schuster.

2. Carnegie, D. Retrieved February 2008 from the Cyber Nation Web.

3. Lieberman, M. D., Eisenberger, N. I., Crockett, M. J., Tom, S. M., Pfeifer, J. H., & Way, B. M. (2007). Putting feelings into words：Affect labeling disrupts amygdala activity in response to affective stimuli. *Psychological Science*, 18, 421-428.

4. Austin, J. H. (1999). *Zen and the brain：Toward an understanding of meditation and consciousness*. Cambridge, MA：MIT Press.

5. Emmons, H. (2005). *The chemistry of joy：A three-step program for overcoming depression through Western science and Eastern wisdom*. New York：Simon & Schuster.

6. Uvnas-Moberg, K. (1998). Oxytocin may mediate the benefits of positive social interaction and emotions. *Psychoneuroendocrinology*, 23, 819-835.

7. Kirsch, P., Esslinger, C., Chen, Q., Mier, D., Lis, S., Siddhanti, S., Gruppe, H., Mattay, V. S., Gallhofer, B., & Meyer-Lindenberg, A. (2005). Oxytocin modulates neural circuitry for social cognition and fear in humans. *Journal of Neuroscience*, 25, 11489-11493.

8. Frederickson, B. L., & Losada, M. F. (2005). Positive affect and the complex dynamics of human flourishing. *American Psychologist*, 60, 678-686.

9. Frederickson, B. L. (2005). Positive emotions. In C. R. Snyder & S. J. Lopez (Eds.), *Handbook of positive psychology* (pp. 120-134). New York: Oxford University Press.

10. Porges, S. (2006, March). *Love or trauma? How neural mechanisms mediate bodily responses to proximity and touch*. Paper presented at the Embodied Mind conference of the Lifespan Learning Institute, Los Angeles.

第六章

1. Fosha, D. (2000). *The transforming power of affect*. New York: Basic Books.

2. Greenberg, L. (2002). *Emotion-focused therapy: Coaching clients to work through their feelings*. Washington, DC: American Psychological Association.

3. McCullough, L. (1997). *Changing character*. New York: Basic

Books.

4. Tavris, C. (1989). *Anger: The misunderstood emotion.* New York: Simon & Schuster.

5. Hanh, T. N. (2004). *Taming the tiger within: Meditations on transforming difficult emotions.* New York: Riverhead Books.

6. Rosenthal, N. E. (2002). *The emotional revolution: Harnessing the power of your emotions for a more positive life.* New York: Citadel Press.

7. Gendlin, E. T. (1981). *Focusing.* New York: Bantam Books.

8. Watkins, J. G., & Watkins, H. H. (1997). *Ego states: Theory and therapy.* New York: Norton.

9. Cozolino, L. (2002). *The neuroscience of psychotherapy: Building and rebuilding the human brain.* New York: Norton.

第七章

1. Bowlby, J. (1980). *Attachment and loss: Vol. 3. Loss, sadness, and depression.* New York: Basic Books.

2. Goleman, D. (1995). *Emotional intelligence: Why it can matter more than IQ.* New York: Bantam Books.

3. Beattie, M. (2002). *Choices: Taking control of your life and making it matter.* New York: Harper Collins.

4. Johnson, S. (2008). *Hold me tight: Seven conversations for a lifetime of love.* New York: Little, Brown.

5. Rizzolatti, G., & Sinigaglia, C. (2008). *Mirrors in the brain: How our minds share actions, emotions, and experience.* New York: Oxford University Press.

6. Jeffers, S. (1987). *Feel the fear and do it anyway.* New York: Ballan-

tine Books.

第八章

1. Freud, S. (1958). Mourning and melancholia. In J. Strachey (Ed. and Trans.), *The standard edition of the complete psychological works of Sigmund Freud* (Vol. 14, pp. 243-258). London: Hogarth Press. (Original work published 1915)

图书在版编目（CIP）数据

情绪自控：人生从此不同／（美）罗纳德·J.弗雷
德里克（Ronald J. Frederick）著；曾早垒主译.一重
庆：重庆大学出版社，2021.8
（鹿鸣心理. 心理自助系列）
书名原文：Living Like You Mean It：Use the
Wisdom and Power of Your Emotions to Get the Life
You Really Want
ISBN 978-7-5689-2872-4

Ⅰ.①情… Ⅱ.①罗… ②曾… Ⅲ.①情绪—自我控
制—通俗读物 Ⅳ.①B842.6-49

中国版本图书馆 CIP 数据核字（2021）第 137085 号

情绪自控：人生从此不同
QINGXU ZIKONG：RENSHENG CONGCI BUTONG

[美]罗纳德·J.弗雷德里克（Ronald J. Frederick） 著
曾早垒 主译
刘祎航 杨 文 章 坚 参译
鹿鸣心理策划人：王 斌
责任编辑：赵艳君 版式设计：赵艳君
责任校对：关德强 责任印制：赵 晟

*

重庆大学出版社出版发行
出版人：饶帮华
社址：重庆市沙坪坝区大学城西路 21 号
邮编：401331
电话：（023）88617190 88617185（中小学）
传真：（023）88617186 88617166
网址：http://www.cqup.com.cn
邮箱：fxk@cqup.com.cn（营销中心）
全国新华书店经销
重庆共创印务有限公司印刷

*

开本：720mm×1020mm 1/16 印张：13.5 字数：181 千
2021 年 8 月第 1 版 2021 年 8 月第 1 次印刷
ISBN 978-7-5689-2872-4 定价：56.00 元